Thomas F. N. Kanaa
Emmanuel Tonye
Grégoire Mercier

Pollution Marine par les Hydrocarbures

AF060631

Thomas F. N. Kanaa
Emmanuel Tonye
Grégoire Mercier

Pollution Marine par les Hydrocarbures

Méthodes de Détection dans les Images Radar à Synthèse d'Ouverture

Presses Académiques Francophones

Impressum / Mentions légales
Bibliografische Information der Deutschen Nationalbibliothek: Die Deutsche Nationalbibliothek verzeichnet diese Publikation in der Deutschen Nationalbibliografie; detaillierte bibliografische Daten sind im Internet über http://dnb.d-nb.de abrufbar.
Alle in diesem Buch genannten Marken und Produktnamen unterliegen warenzeichen-, marken- oder patentrechtlichem Schutz bzw. sind Warenzeichen oder eingetragene Warenzeichen der jeweiligen Inhaber. Die Wiedergabe von Marken, Produktnamen, Gebrauchsnamen, Handelsnamen, Warenbezeichnungen u.s.w. in diesem Werk berechtigt auch ohne besondere Kennzeichnung nicht zu der Annahme, dass solche Namen im Sinne der Warenzeichen- und Markenschutzgesetzgebung als frei zu betrachten wären und daher von jedermann benutzt werden dürften.

Information bibliographique publiée par la Deutsche Nationalbibliothek: La Deutsche Nationalbibliothek inscrit cette publication à la Deutsche Nationalbibliografie; des données bibliographiques détaillées sont disponibles sur internet à l'adresse http://dnb.d-nb.de.
Toutes marques et noms de produits mentionnés dans ce livre demeurent sous la protection des marques, des marques déposées et des brevets, et sont des marques ou des marques déposées de leurs détenteurs respectifs. L'utilisation des marques, noms de produits, noms communs, noms commerciaux, descriptions de produits, etc, même sans qu'ils soient mentionnés de façon particulière dans ce livre ne signifie en aucune façon que ces noms peuvent être utilisés sans restriction à l'égard de la législation pour la protection des marques et des marques déposées et pourraient donc être utilisés par quiconque.

Coverbild / Photo de couverture: www.ingimage.com

Verlag / Editeur:
Presses Académiques Francophones
ist ein Imprint der / est une marque déposée de
OmniScriptum GmbH & Co. KG
Heinrich-Böcking-Str. 6-8, 66121 Saarbrücken, Deutschland / Allemagne
Email: info@presses-academiques.com

Herstellung: siehe letzte Seite /
Impression: voir la dernière page
ISBN: 978-3-8381-4308-8

Zugl. / Agréé par: Yaoundé, Université de Yaoundé I, 2006

Copyright / Droit d'auteur © 2014 OmniScriptum GmbH & Co. KG
Alle Rechte vorbehalten. / Tous droits réservés. Saarbrücken 2014

Dédicace

... à Marie

... à Mes Enfants

... à Ma Famille

... aux Proches

... aux Ami(e)s

DÉDICACE

Remerciements

Je tiens tout d'abord à remercier l'Agence Universitaire de la Francophonie (AUF), et notamment son Bureau Afrique Centrale (BAC), pour le soutien financier traduit par trois années de bourses de formation à la recherche. Ce financement a conduit à cette œuvre grâce à la mobilité offerte entre l'École Nationale Supérieure Polytechnique (ENSP) de Yaoundé au Cameroun et l'École Nationale Supérieure des Télécommunications (ENST) de Bretagne en France.

Je remercie spécialement les membres du jury : Timoléon KOFANE qui a accepté d'en être le Président ; Jean Paul Rudant, Martin KOM et Bernard ESSIMBI qui me font l'honneur de se libérer d'autres engagements en faveur de ma soutenance ; Emmanuel Tonye, mon directeur de thèse.

Je remercie tout particulièrement Emmanuel Tonye, Professeur à l'ENSP de Yaoundé, pour avoir accepté de diriger ces travaux, pour ses encouragements et ses conseils avisés. Je lui suis également reconnaissant pour sa disponibilité en dépit de ses multiples occupations administratives et scientifiques.

J'exprime toute ma gratitude à Grégoire Mercier, Maître de Conférence à l'ENST de Bretagne, pour sa disponibilité, son encadrement scientifique et ses astuces en programmation. Je le remercie d'avantage pour avoir permis le partenariat scientifique, dans le cadre des applications liées à l'environnement marin et sous-marin, entre le département de génie électrique et des télécommunications de l'ENSP, et le département images et traitement de l'information de l'ENST.

Cette soutenance se tient également à la mémoire de Alain Akono, alors Maître de Conférence à l'ENSP de Yaoundé et co-encadreur de ces travaux, décédé pendant sa prise en charge des démarches administratives auprès de l'école doctorale.

Je remercie Vincent De Paul Onana, Chargé de cours à l'Institut Universitaire de Technologie (IUT) de Douala, pour sa disponibilité, ses multiples encouragements et sa participation à la rédaction des documents scientifiques.

Merci à l'Ambassade de France au Cameroun qui a financé, à travers son service de coopération et d'actions culturelles, l'un de mes séjours à Brest.

Je profite de l'occasion pour remercier le Réseau de chercheurs Télédétection de l'AUF (dont je suis membre) qui, pour encourager les thésards, m'a offert une bourse de quatre mois en 2002 afin d'entamer définitivement ces travaux.

Les remerciements seraient incomplets si j'omettais de mentionner tous les membres du département ITI qui m'ont permis de passer périodiquement ces années de thèse dans la bonne humeur, notamment ceux de l'équipe TIME (Traitement de l'Information pour la Mer et l'Environnement) du laboratoire TAMCIC (Traitement Algorithmique et Matériel de la Communication, de l'Information et de la Connaissance).

Je remercie toutes les personnes de l'ENSP de Yaoundé qui ont collaboré de près ou de loin à mes travaux.

J'exprime également ma gratitude aux collègues de service de l'École Nationale Supérieure d'Enseignement Technique (ENSET), Université de Douala, qui ont su supporter et gérer les contraintes dues à mes empêchements suite à mes multiples missions à l'étranger.

J'exprime toute ma reconnaissance à ma chère épouse sans qui, peut-être, rien n'aurait été possible. Je fais de gros bisous à nos chers enfants qui ont su la reconforter à ses moments de détresse. Immense merci à Audrey, Albert, Christophe et David.

Je remercie chaleureusement mes ami(e)s pour les encouragements à moi prodigués, les moments de détente et de reconfort offerts pour dissiper le stress dû à l'effort abattu.

Résumé

Les océans constituent un milieu régulateur de l'équilibre de l'écosystème mondial, milieu dont les fonctions sont perturbées, entre autres, par l'intrusion à sa surface, des nappes d'hydrocarbures issues des activités pétrolières de plus en plus intenses. Pour maitriser ce phénomène de pollution en temps réel et à l'échelle mondiale, un observatoire de détection automatique par l'usage du radar à synthèse d'ouverture est envisagé. Dans ce contexte, les travaux de recherche présentés dans cette thèse viennent enrichir et améliorer les techniques de traitement d'images RSO de la surface de l'océan en vue de la détection des nappes d'hydrocarbures. Cette contribution tient sur quatre méthodes, notamment une méthode de filtrage, deux approches de segmentation et une technique de caractérisation des nappes, toutes basées sur les concepts théoriques et physiques de l'imagerie RSO d'une surface polluée de l'océan.

Les mécanismes de formation d'images RSO de la surface de l'océan, notamment la modulation hydrodynamique, la distorsion de balayage et la modulation d'inclinaison, sont des raisons supplémentaires d'une variation aléatoire de la radiométrie dans l'image. La méthode de filtrage développée s'adapte alors au contexte de la variation locale de la texture sous la forme d'un lissage proportionnel au coefficient de pondération marginal qui la caractérise. Cette caractéristique est elle-même mesurée à l'aide des opérateurs morphologiques. Variant entre 0 et 1, elle est centrée sur la moyenne des gradients et équitablement répartie entre le minimum et le maximum des gradients de l'image. La technique de filtrage conduit de toute évidence à une bimodalité prononcée des histogrammes issus des images entachées de nappes d'hydrocarbures, ceci, sans changement des luminances moyennes locales des régions.

Couplée à cette dernière, la première technique de détection des signatures de nappes d'hydrocarbures, notamment la fusion interpolée des réponses issues du seuillage par hystérésis directionnel (FIRSHD), est fondée sur l'interaction hydrophobe entre l'eau de mer et les nappes d'hydrocarbures à la surface. Cette interaction conduit à la décomposition de la surface de l'océan en trois couches en fonction de l'entropie en présence : la surface couverte de nappes, la surface couverte d'eau et la surface entre les deux premières, hébergeant la phase dispersée. Dans la troisième couche, à la fois émulsive et ambigue, les nappes adoptent une attitude micro structurelle linéaire dans les directions privilégiées par les forces d'attraction des molécules hydrocarbonées. Elles peuvent alors être considérées comme étant gouvernées par un phénomène d'hystérésis. De ce fait, les nappes sont extraites par seuillage par hystérésis dans les différentes directions de Freeman. Cette décomposition multi directionnelle conduit à huit composantes complémentaires dont la fusion par le maximum du degré d'appartenance aboutit à une image de signatures brute où seules les directions oscultées sont mises en exergue. Les directions intermédiaires sont ensuite impliquées par interpolation morphologique des signatures brutes. Les résultats tirés de trois extraits d'images RSO acquises dans des conditions variées de l'environnement marin, sont visiblement extraordinaires. Dans tous les cas, les images de signatures sont dépourvues de fausses alarmes. L'évaluation quantitative conduit à une probabilité de détection de 95,6%, une probabilité de fausses alarmes de 1,9% et à une probabilité globale de 96,9%.

La deuxième innovation de détection est une technique multi échelle faisant usage des pyramides hybrides. Elle considère la surface de la mer comme étant une superposition continue de vagues linéairement indépendantes en phase et en amplitude. Elle admet une acquisition par pente et par onde de l'image de la surface de l'océan. L'information relative à chaque niveau d'onde est alors caractérisée par la variabilité locale dans une structure équivalente à sa longueur d'onde, puis extraite par filtrage contextuel. Intégré dans une transformation pyramidale, ce filtrage devient un filtre contextuel alterné séquentiel et permet d'extraire les images du spectre de vagues de la surface de l'océan jusqu'à épuisement de l'information. Une combinaison adéquate par fusion floue de ces images complémentaires conduit enfin à la détection des signatures recherchées des nappes d'hydrocarbures. La qualité des résultats sur les acquisitions des satellites ERS-2 et ENVISAT est une fois de plus encourageante, l'image des signatures est visiblement démunie de fausses alarmes. Elle produit une probabilité de détection de 90,1%, une probabilité de fausses alarmes de 0,67% et une probabilité de segmantation globale de 94,7%.

Une stratégie de caractérisation est également développée pour discriminer les nappes d'hydrocarbures des autres phénomènes observés dans les images ERS-2. Elle se présente sous la forme de spectre de texture à partir des images du spectre des vagues de la surface de l'océan. Elle repose principalement sur la théorie de Maragoni qui revèle l'atténuation de l'énergie du spectre de vagues, et donc le lissage de la hauteur des vagues sur les surfaces occupées par les nappes d'hydrocarbures. Elle consiste à des mesures de texture dans tous les canaux du spectre de vagues, mesures elles-même identifiées à l'atténuation spectrale provoquée par les nappes à la surface. Les spectres de textures de référence sont alors élaborés sur vingt critères d'analyse impliquant les trois surfaces en présence, ceci pour plusieurs thèmes de terrain issus de phénomènes atmosphériques et océaniques divers. Ils sont de types une dimension (1-D) et deux dimensions (2-D). Particulièrement intéressant, le type

RÉSUMÉ

2-D exprime, de manière graphique et par un code de couleurs adéquat, les mesures de texture en fonction, à la fois, de l'échelle structurelle et du critère d'analyse. Les spectres de base ainsi dressés sont ensuite exploités dans la classification supervisée des images RSO à contenu non identifé. La discrimination des signatures dans ces nouvelles images est faite par simple comparaison visuelle des spectres respectifs avec ceux des images de référence. En définitive, deux signatures inconnues, notamment la nappe d'hydrocarbures et le front de courant, sont chacune classifiées parmi cinq de référence. Une autre est plutôt classée ambigue et considérée comme étant issue d'un phénomène non intégré dans la banque de données de référence.

Quand elles sont comparées à la technique la plus répandue, notamment le seuillage sur l'intensité, les méthodes de détection développées conduisent bel et bien à un accroissement notable de la probabilité de détection de 5,5% (pour le FIRSHD) et une baisse de la probabilité des fausses alarmes de 0,7% (pour les pyramides hybrides). En effet, ces résultats traduisent une amélioration de la détection des nappes d'hydrocarbures dans les images RSO, en dépit de la réserve émise sur la précision du comportement actif du système visuel qui aura permis de générer la vérité terrain. En plus, la classification par les spectres de texture des signatures détectées, confirme l'effectivité de la détection des nappes d'hydrocarbures dans les images d'intensité RSO de la surface de l'océan, en mono fréquence, et donc à moindre coût.

Mots-clefs : imagerie RSO, océanographie physique, détection des nappes d'hydrocarbures, seuillage par hystérésis, morphologie mathématique, décomposition multiéchelle, analyse de texture.

Abstract

Seas are a regulating environment of the world ecosystem balance, environment whose functions are disturbed by oil slicks coming from ships and factories sailing on its water. So that, severe damage to the marine and coastal environment are caused. To supervise this pollution problem in real time and on a worldwide scale, a processing observatory for automatic detection of oil slick in SAR imagery is required. In this context, the reported work comes to improve sea surface SAR processing of oil slick monitoring systems. Our contribution is focused on four methods of filtering images, detection and characterization of slicks in SAR images.

Mechanisms of sea surface SAR acquisition, in particular hydrodynamic modulation, tilt phenomena and scanning distorsion (velocity bunching, azimuth smearing), are additionnal reason for random variation of microwave signals backscattered by sea. Thus, the developed filtering method takes to account the context induced by the nature of the sea, in the form of an average proportional to a weighting coefficient which charaterizes it. This characteristic is measured by morphological operators. Varying between 0 and 1, it is centered on the average of the gradients equitably distributed between the minimum and the maximum of the image gradient. Obviously, this method leads to two distinct peaks in the histograms of filtered images without change of the areas local averages.

After filtering, the first oil slick detection method developped in this work is named interpolated fusion of directional hysteresis thresholding responses (IFDHTR). It is based on hydrophobic interaction between sea water and oil on the surface. According to the involved agitation, this mixture led to the decomposition in three sea surfacings : the oil covered surface, the not polluted water surface, and the surface between these two last containing the dispersed phase. In the third emulsive and ambiguous layer, oils have a linear and micro structural behavior in the directions of the hydrocarbon molecules attraction forces. The corresponding surface looks like hysteresis phenomena. Therefore, directional hysteresis thresholding responses are first computed in order to bring to the fore dark spots, and increase pixels connexity in each Freeman direction. This decomposition leads to eight complementary images of which fusion by maximum of membership function reveals slicks only in the Freeman directions. The intermediate directions are then taken into account by morphological interpolation. Dark spot resulting from three SAR images, acquired under various auxiliary conditions, are obviously extraordinary. The quantitative performance, expressed in term of slick detection, false alarm probabilities and overall accuracy, produced respectively 95.6%, 1.9% and 96.9%.

The second innovation of oil slicks detection is an multiscale approach based on hybrid pyramid. It regards the sea surface as being a regularly superimposed waves linearly independent (in phase and in amplitude). It admits an acquisition by slope and by wave of the sea surface image. Each level of wave spectrum information is characterized by local variability in a corresponding structuring element, then extracted by contextual filtering. The filter is applied in a pyramidal transformation as a alternating contextual filter, and makes it possible to extract the sea surface wave spectrum images until exhaustion of data. These complementary images are then combined using fuzzy subsets theory. The method is illustrated on SAR ERS-2 and ASAR ENVISAT images. Obviously, it shows dark spot insulated well without false alarm. Its evaluation leads to a probability of slick detection of 90.1%, a probability of false alarms of 0.67% and overall probability of 94.7%.

A new slick characterization method is implemented to discriminate oil slicks and some look-alikes in ERS-2 SAR images. It is appeared as textural spectrum from the wave spectrum images of the sea surface. It is based on the Marangoni theory and exploits sea wave spectrum images to put forward the dampening of the wave spectra energy. Several textural characteristics are measured, dependent on the targets (oil slicks or its edges). The basic textural (1-D and 2-D) spectra are built for several kinds of sea surface slicks from many atmospheric and oceanic phenomena. Particulary interesting, the 2-D textural spectra are graphs colors where textural measurements are coded by colors and expressed according, at the same time, to the structural scale and the analysis criterion. The results allow us to tackle oil slick supervised classification in new other images. The signature discrimination is then achieved by visual comparison of spectra with those of reference. Ultimately, two spots are classified among five of reference, in particular those of oil slicks and current front. Another is rather classified ambiguous and sight as resulting from a phenomenon being not considered in the topic bank.

The results of the oil slick detection methods developed in this work are compared with that which is most widespread, in particular thresholding on backscatter. Its lead to an increase in probability of slick detection of 5.5% (for IFDHTR) and a decrease of the probability of false alarm of 0.7% (for hybrid pyramid method). Consequently, these results prove an improvement of slick detection, in spite of the reserve made on the visual system precision for supervised truths ground data. Moreover, the discrimination possibility by detected spot textural spectra leads to the oil slick detection in sea surface SAR images, in mono frequency, and thus at lower

ABSTRACT

cost. So, this work contributes to reduce oil spill detection and monitoring system cost.

Keywords : SAR imagery, physical oceanography, oil slicks detection, hysteresis thresholding, mathematical morphology, multiscale representation, textural analysis.

Références de l'auteur

Articles publiés dans les revues à comité de lecture :

1. **T. F. N. Kanaa**, E. Tonye, G. Mercier, and V. D. P. Onana. Détection des Nappes d'Hydrocarbures dans les Images RSO par Morphologie Mathématique. *Télédétection*, 4(3) : 215-229, 2004.

Articles publiés dans les actes de congrès internationaux à comité de lecture :

1. **T. F. N. Kanaa**, G. Mercier, E. Tonye. Sea Surface Slick Characterization is SAR Images. *IEEE Conference and Exhibition Oceans - Europe 2005*, Vol. 1, pp. 686-691, Brest, France, 20-23 june 2005.

2. **T. F. N. Kanaa**, E. Tonye, G. Mercier, V. D. P. Onana, and J. P. Rudant. Multiscale Segmentation of Oil Slick in SAR Images based on Morphological Pyramid. *ENVISAT and ERS Symposium*, ESA SP-572, Salsburg, Australie, 6-10 sept. 2004.

3. V. D. P. Onana, J. P. Rudant, **T. F. N. Kanaa**, J. G. Ndzana, and A. Ngah. Urban Dynamics with Multitemporal ENVISAT/ERS SAR Images and Multispectral HRV SPOT Optical Image using Data Fusion Approach. *ENVISAT and ERS Symposium*, ESA SP-572, Salsburg, Australie, 6-10 sept. 2004.

4. **T. F. N. Kanaa**, E. Tonye, G. Mercier, V. D. P. Onana, J. N. Mvogo, P. L. Frison, and J. P. Rudant. Detection of Oil Slick Signatures in SAR Images by Fusion of Hysteresis Thresholding Responses. *International Geoscience and Remote Sensing Symposium, 2003 Proceedings. IGARSS 2003. IEEE 2003 International*, pp. 2750-2752, Toulouse, France, 21-25 july 2003.

5. **T. F. N. Kanaa**, E. Tonye, V. D. P. Onana, G. Mercier, and A. Akono. Détection des Signatures des Nappes d'hydrocarbures dans les Images RSO en Milieu

RÉFÉRENCES DE L'AUTEUR

Marin. 25^{ieme} *Symposium Canadien sur la Télédétection* / 11^{ieme} *Congrès de l'Association Québéquoise de Télédétection*, Montréal, Canada, 14-17 Oct. 2003.

Communications dans les conférences internationales :

1. **T. F. N. Kanaa**, G. Mercier, E. Tonye, and V. D. P. Onana. Détection des Signatures des Nappes d'hydrocarbures par Morphologie Mathématique : Application à l'Imagerie RSO au large du Littoral Camerounais. X^{emes} *journées scientifiques du Réseau de Télédétection*, Ottawa, Canada, 24-29 may 2004.

Communications dans les conférences nationales :

1. **T. F. N. Kanaa**, E. Tonye, V. D. P. Onana, and J. N. Mvogo. Extraction du Trait de Côte dans les Images RSO en Résolution Adaptée. *Colloque des Systèmes d'Informatiques pour la Gestion de l'Environnement*, Douala, Cameroun, oct. 2001.

Table des matières

Dédicace   i

Remerciements   iii

Résumé   v

Abstract   ix

Références de l'auteur   xiii

Table des figures   11

Liste des tableaux   13

Notations   15

Abbréviations   23

Introduction générale   **29**
    1. Motivations 29
    2. Contexte général du projet 31
    3. Objectifs de la thèse 32
    4. Organisation de la thèse 33

I   Fondamentaux de l'imagerie RSO de la surface de la mer   37

1   Présentation du capteur RSO   **39**
    1.1   Introduction 39
    1.2   Les origines du RSO 40
        1.2.1   Principe de fonctionnement du radar 40
        1.2.2   L'équation du radar 41
    1.3   Spécificités du signal RSO 42

            1.3.1   Principe de la compression d'impulsion 42
            1.3.2   Résolution radiale du RSO 43
            1.3.3   Résolution azimutale du RSO 44
    1.4 Notions physiques de la rétrodiffusion 45
    1.5 Images d'intensité/amplitude du RSO 47
    1.6 Conclusion 50

2 **Physique de l'imagerie RSO**   **51**
    2.1 Introduction 51
    2.2 Phénomènes observables à la surface de l'océan 52
    2.3 Description géophysique de la surface des océans 54
    2.4 Modélisation de la surface de l'océan 58
    2.5 Réflexion d'une onde électromagnétique 60
    2.6 Formation de l'image RSO de la surface de la mer 62
            2.6.1   Spectre de l'image RSO 62
            2.6.2   Distorsion de balayage 63
            2.6.3   Modulation hydrodynamique 64
            2.6.4   Modulation d'inclinaison 65
            2.6.5   Création de l'image RSO 67
    2.7 Conclusion 67

II Etat de l'art sur la détection des nappes d'hydrocarbures par imagerie RSO de la surface de l'océan   71

3 **Observation des nappes par RSO**   **73**
    3.1 Introduction 73
    3.2 Pollution par les hydrocarbures 74
            3.2.1   Description du phénomène 74
            3.2.2   Désagrégation des nappes 74
    3.3 Influence des hydrocarbures à la surface 75
            3.3.1   Interaction hydrophobe hydrocarbures-eau 75
            3.3.2   Phénomène d'atténuation des vagues 76
    3.4 Revision du modèle pour une surface polluée 77
    3.5 Systèmes RSO pour l'observation des nappes 79
    3.6 Détectabilité des nappes d'hydrocarbures par le RSO 81
    3.7 Critères auxiliaires pour la DNH 83
            3.7.1   Introduction 83
            3.7.2   Influence des paramètres du RSO 83
            3.7.3   Influence des paramètres de l'océan 84
            3.7.4   Caractéristiques des nappes 85
            3.7.5   Influence des effets atmosphériques 87

TABLE DES MATIÈRES

       3.7.6   Autres informations utiles 87
   3.8   Conclusion 88

4   Méthodes de DNH dans les images RSO   89
   4.1   Introduction 89
   4.2   Filtrage des images RSO 91
       4.2.1   Description générale 91
       4.2.2   Filtres adaptatifs de Lee et de Kuan 93
   4.3   Détection des nappes d'hydrocarbures 93
       4.3.1   Résumé de l'art 93
       4.3.2   Modèles statistiques 95
            4.3.2.1   Méthodes basées sur le seuillage 95
            4.3.2.2   Minimisation de la complexité stochastique 97
       4.3.3   Modèles de détection multiéchelle 99
            4.3.3.1   Représentation multiéchelle de l'image 99
                  4.3.3.1.1   Décimation moyenne 2×2 99
                  4.3.3.1.2   Représentation par ondelettes continues . . 99
            4.3.3.2   Méthodes d'analyse des données multiéchelles 101
                  4.3.3.2.1   Modèles flous 101
                  4.3.3.2.2   Modèles de Chaîne de Markov Cachée . . . 102
                  4.3.3.2.3   Modèles de séparation par valorisation de marge 103
   4.4   Classification des nappes d'hydrocarbures 107
       4.4.1   Caractérisation des nappes d'hydrocarbures 107
       4.4.2   Informations auxiliaires 109
       4.4.3   Prise de décision 109
   4.5   Hypothèses d'étude 111
       4.5.1   Hypothèse 1 : Acquisition RSO d'une surface en mouvement . 111
       4.5.2   Hypothèse 2 : Atténuation des ondes de Bragg 111
       4.5.3   Hypothèse 3 : Morphologie des nappes à la surface de la mer . 112
       4.5.4   Hypothèse 4 : Structuration de la rugosité de la surface de la mer 112
   4.6   Conclusion 114

III   Contribution à la détection des nappes d'hydrocarbures dans les images RSO de la surface de l'océan   117

5   DNH par FIRSHD   119
   5.1   Introduction 119
   5.2   Modèle ensembliste 121
       5.2.1   Treillis complet 121

             5.2.2   Propriétés des opérateurs morphologiques 122
             5.2.3   Opérateurs morphologiques élémentaires 123
                     5.2.3.1   Élément structurant 123
                     5.2.3.2   Érosion et dilatation 123
                     5.2.3.3   Ouverture et fermeture 124
             5.2.4   Filtres morphologiques 124
             5.2.5   Gradients morphologiques 125
     5.3   Modèle statistique par gaussienne 126
     5.4   Filtrage adapté au contexte de la texture locale 128
             5.4.1   Filtrage d'image texturée 128
             5.4.2   Caractérisation de la texture 128
             5.4.3   Filtrage contextuel 129
     5.5   Fusion interpolée des réponses issues du SHD 130
             5.5.1   Initialisation de la FIRSHD 130
             5.5.2   Décomposition multidirectionnelle par SHD 131
                     5.5.2.1   Seuillage sur l'intensité 131
                     5.5.2.2   Seuillage par hystérésis 131
                     5.5.2.3   Seuillage par hystérésis directionnel 132
             5.5.3   Fusion interpolée 133
     5.6   Application à l'imagerie RSO 135
             5.6.1   Données RSO de la surface de l'océan 135
             5.6.2   Mise en œuvre de la FIRSHD 138
     5.7   Méthode d'évaluation 146
     5.8   Interpétation et discussion des résultats 147
     5.9   Conclusion 152

6   **Une approche multiéchelle pour la DNH**   **155**
     6.1   Introduction 155
     6.2   Algorithmes pyramidaux 156
             6.2.1   Principe d'une transformation pyramidale 156
             6.2.2   Pyramides morphologiques 158
     6.3   Pyramide hybride 159
     6.4   Caractérisation du spectre de vagues 160
     6.5   Extraction des images du spectre de vagues 162
             6.5.1   Schéma d'extraction 162
             6.5.2   Première étape : Filtrage hybride Δ_{k_j} 163
             6.5.3   Deuxième étape : Calcul des résidus au niveau $(j+1)$ 163
     6.6   Fusion d'images issues du spectre 165
     6.7   Présentation et analyse des résultats 165
             6.7.1   Images RSO des satellites ERS-2 et ENVISAT 165
             6.7.2   Mise en œuvre 167
     6.8   Interprétation et discussion des résultats 170

TABLE DES MATIÈRES

6.9 Conclusion 171

7 Caractérisation par spectres de texture   **173**
7.1 Introduction 173
7.2 Définitions 174
     7.2.1 Qu'est ce que la texture d'une image ? 174
     7.2.2 Spectre de texture 174
7.3 Modèles de texture 175
7.4 Élaboration des spectres de texture 175
     7.4.1 Régions cibles 175
     7.4.2 Extraction des bords des nappes 177
     7.4.3 Paramètres de régions 177
         7.4.3.1 Attributs statistiques 178
         7.4.3.2 Attributs géométriques 179
     7.4.4 Définition des critères d'analyse 179
     7.4.5 Profils de texture 180
7.5 Présentation et analyse des résultats 181
     7.5.1 Données RSO des thèmes étudiés 181
     7.5.2 Application aux images RSO 181
7.6 Interprétation et discussion des résultats 188
7.7 Conclusion 192

Conclusion générale   **193**
1. Synthèse des résultats 193
     Détection par FIRSHD 193
     Détection par les pyramides hybrides 194
     Caractérisation par les spectres de texture 194
2. Que retenons nous ? 195
3. Perspectives 196

Bibliographie   **199**

Table des figures

1.1 Illustration de l'acquisition d'une surface distante de D selon les deux directions, radiale et azimutale 41
1.2 Image d'amplitude RSO de l'étendue de la côte Camerounaise 48
1.3 Exemple de deux extraits (446 × 446 pixels) de la surface terrestre de l'image de la figure 1.2 49

2.1 Exemple d'extrait E5 agrandi (446 × 446 pixels) de l'image de la figure 1.2 traduisant un phénomène inconnu observé à la surface de l'océan atlantique 53
2.2 Schéma explicatif de la relation de la résonance de Bragg en fonction de la direction de propagation des ondes de Bragg par rapport à la direction de visée du RSO 62
2.3 Modulation d'une petite vague par une grande onde à la surface de l'océan 64
2.4 Illustration de la modulation d'inclinaison sur une onde à la surface de l'océan 65
2.5 Exemple de deux extraits (446 × 446 pixels) de la surface de l'océan atlantique de l'image de la figure 1.2 68

3.1 Processus de désagrégation des nappes à la surface de l'océan 75

4.1 Schéma synoptique de la détection des nappes d'hydrocarbures 90
4.2 Résultats issus de quelques approches usuelles de détection des nappes d'hydrocarbures 104
4.3 Simulation de la superposition de deux ondes à la surface de l'océan. 113

5.1 Schéma synoptique de détection des nappes par fusion interpolée des réponses issues du seuillage par hystérésis directionnel 120
5.2 Illustration de la direction du seuillage par hystérésis directionnel obtenue à partir de l'angle d'hystérésis θ. 133
5.3 Les 8 directions de Freeman à considérer dans un voisinage 8-connexité correspondant aux 8 angles d'hystérésis respectifs 134
5.4 Localisation des océans observés et des sites d'étude 136

5.5 Extraits d'images originales RSO 137
5.6 Image de *réalité de terrain* obtenue par photo-interprétation 138
5.7 Élément structurant carré de taille 3 pour une regénération globale . 140
5.8 Élément structurant linéaire horizontal pour la regénération du sillage 140
5.9 Élément structurant complexe issu de la composition des deux éléments structurants 140
5.10 Images filtrées des images originales de la figure 5.5 141
5.11 Mise en évidence de la bimodalité dans les histogrammes des images originales (figure 5.5) et des images filtrées correspondantes (figure 5.10) 142
5.12 Illustration de la méthode par le traitement d'une zone ambigue d'image RSO 144
5.13 Images des signatures des nappes d'hydrocarbures issues respectivement des originales de la figure 5.5. 145
5.14 Comparaison des différentes méthodes décrites par analyse visuelle des images de signatures issues de l'extrait du littoral Camerounais de la figure 5.5a. 148
5.15 Comparaison des différentes méthodes décrites par analyse visuelle des images de signatures issues de l'extrait de la côte de la Grèce de la figure 5.5b 149
5.16 Comparaison des différentes méthodes décrites par analyse visuelle des images de signatures issues de l'extrait de la côte de la Grèce de la figure 5.5c. 150
5.17 Images des signatures obtenues de la FIRSHD sans filtrage contextuel, ni interpolation, à partir des originales RSO de la figure 5.5. 151

6.1 Schéma de principe de la décomposition pyramidale 157
6.2 Illustration de l'extraction de l'information associée à une onde modulée à la surface de l'océan. 161
6.3 Schéma de décomposition pour l'extraction des images du spectre de vagues. 164
6.4 Schéma d'utilisation des images du spectre de vagues 166
6.5 Extrait d'image RSO du satellite ENVISAT 167
6.6 Images du spectre de vagues issues de l'extrait originale RSO 168
6.7 Images du spectre de vagues issues de l'extrait originale RSO 169
6.8 Images de signatures des nappes d'hydrocarbures extraites des images originales RSO de ERS-2 (a) et de ENVISAT (b) 170

7.1 Illustration de la détection des régions d'intérêt considérées dans la mesure des attributs 176
7.2 Images originales RSO des thèmes observés issues du satellite ERS-2 182
7.3 Images des signatures issues des originales de référence 184

TABLE DES FIGURES

7.4 Images originales RSO à contenu non identifié 186
7.5 Images des signatures issues des originales à contenu non identifié . . 187
7.6 Spectres de texture 1-D des signatures détectées sur les images des figures 7.2 et 7.4, selon le critère désigné. 189
7.7 Spectres de texture 1-D des bords des signatures détectées sur les images des figures 7.2 et 7.4, selon le critère désigné. 190
7.8 Spectres de texture 2-D des signatures étudiées sur les images des figures 7.2 et 7.4. 191

Liste des tableaux

2.1 Classification des ondes de l'océan par leurs périodes ou leurs fréquences 57
3.1 Caractéristiques des principaux satellites utilisés pour la DNH par RSO 80
3.2 Caractéristiques des principales navettes spatiales utilisées pour la DNH par RSO 81
4.1 Un aperçu de comparaison des méthodes de détection des nappes. . . 115
5.1 Quelques stastistiques sur les images de gradient issues des originales de la figure 5.5 139
5.2 Synthèse des performances des différentes méthodes de segmentation des nappes d'hydrocarbures 152
7.1 Informations d'acquisition des images originales 183
7.2 Caractéristiques géométriques des signatures d'images de référence . . 183
7.3 Caractéristiques géométriques des signatures d'images à contenu non identifié 187

Notations

r_{dist} : Résolution radiale du radar de poursuite

c : Vitesse de propagation de la lumière

τ : Durée de l'acquisition (de l'impulsion de l'émission à la réception)

θ_{3dB} : Angle d'ouverture de $-3dB$ du radar (par convention)

r_{azim} : Résolution azimutale du radar de poursuite

D : Distance d'observation par le radar

λ_r : Longueur d'onde radar

L : Longueur de l'antenne du radar

V_s : Vitesse de déplacement du satellite (donc du radar)

FRI : Fréquence de Répétition des Impulsions

σ_0 : Surface équivalente radar de la cible

P_r : Puissance reçue de l'onde radar

P_e : Puissance émise de l'onde radar

G : Gain d'antenne radar

a : Pertes liées à l'absorption dans les milieux traversés par le rayonnement

$E(t)$: Signal sinusoïdal émis par le radar

E_0 : Amplitude du signal émis par le radar

f_c : Fréquence du signal émis par le radar

K : Indice de modulation du signal modulé

$R(t)$: Signal sinusoidal reçu par le radar

D_c : Distance d'observation d'une cible par le radar

$S_{t_c}(t)$: Signal sinusoidal détecté issu de $E(t)$

δ_{dist} : Résolution radiale du RSO

D_0 : Distance de la cible à la trajectoire du radar

δ_{azim} : Résolution azimutale du RSO

ϵ : Permittivité d'un milieu diélectrique

μ : Perméabilité d'un milieu diélectrique

v : Vitesse de propagation dans un milieu

κ : Nombre d'onde radar

ω : Fréquence de l'onde radar

x : Vecteur position à deux dimensions de la surface observée par le radar

$h(x,t)$: Hauteur de la surface de l'océan en un point x à un instant t, par rapport à un plan de référence

$\zeta(\kappa)$: Transformée de Fourier de $h(x,t)$

$\Psi(\kappa,\omega)$: Spectre de vagues à la surface de l'océan

$\Omega(\omega)$: Spectre de fréquence issu de $\Psi(\kappa,\omega)$

$\Psi(\kappa)$: Spectre des nombres d'onde issu de $\Psi(\kappa,\omega)$

NOTATIONS

g : Accélération de la pesanteur

τ_s : Tension superficielle à la surface de l'océan

ρ : Densité de l'eau de la mer

λ_m : Longueur d'onde critique de vagues sous l'effet de la capillarité et de la gravité

c_m : Vitesse minimum de vagues sous l'effet de la capillarité et de la gravité

E : Énergie d'un paquet d'ondes

U : Courant de surface de l'océan

C_g : Vitesse de groupe du paquet d'ondes se propageant à travers le fluide de surface

$N(\kappa, x, t)$: Densité spectrale du paquet d'ondes

ω_0 : Pulsation apparente du paquet d'ondes

$Q(\kappa, x, t)$: Fonction source modélisant les transfert d'énergie observé à la surface de la mer

β : Taux de relaxation (ou de croissance) du vent

u_* : Vitesse de friction

φ : Angle entre la direction du vent et la direction de propagation des vagues

c_p : Vitesse de phase

σ_0^{vv} : σ_0 en polarisation VV

σ_0^{hh} : σ_0 en polarisation HH

$R_{v(h)}$: Coéfficients de Fresnel de la réfraction-réflexion d'un même diélectrique

θ_0 : Angle d'incidence du radar

λ_B : Longueur d'onde de Bragg

λ_o : Longueur d'onde des vagues de surface

T^{RSO} : Fonction de transfert du RSO

T^{ROR} : Fonction de transfert du ROR

T^{dist} : Fonction de transfert due à la distorsion de balayage

T^{hydr} : Fonction de transfert de la modulation hydrodynamique

T^{incl} : Fonction de transfert due à la modulation d'inclinaison

T^{incl}_{VV} : T^{incl} en polarisation VV

T^{incl}_{HH} : T^{incl} en polarisation HH

S_{mer} : Spectre de la mer

u_R : Vitesse des vaguelettes dans la direction radiale par rapport au satellite

u_A : Vitesse des vaguelettes dans la direction azimutale par rapport au satellite

R : Distance entre le RSO et les vaguelettes

θ : Angle d'incidence local

$\tilde{\omega}$: Pulsation intrinsèque des petites vagues

$\tilde{\kappa}$: Nombre d'onde intrinsèque des petites vagues

τ_r : Temps de relaxation caractéristique

$\tilde{\omega}$: Pulsation des petites vagues dans le référentiel lié aux grandes vagues

α : Angle entre la verticale et la projection de la normale sur le plan incident

φ : Angle entre la verticale et la projection de la normale sur le plan perpendiculaire au plan incident

NOTATIONS

θ_c : Angle entre l'onde incidente et la surface de la mer considérée sans modulation

κ_r : Projection du nombre d'onde sur le rayon du radar

U_{ref} : Vitesse de référence du vent à la surface de la mer

α_f Taux de transfert d'énergie non-linéaire du fluide correspondant à f

Δ_f : Coéfficient d'atténuation visqueuse du fluide correspondant àf

l : Coéfficient d'atténuation relatif nappe/mer

L : Amplitude de la caractéristique physico-chimique complexe de la nappe

θ_L : Phase de la caractéristique physico-chimique complexe de la nappe

κ_M : Nombre d'onde de Marangoni

α_M : Taux d'atténuation de Marangoni

u_{*c} : Vitesse de friction critique

Λ_S : Atténuation spectrale nappe/mer

s_i : i^{eme} site de l'image d'abcisse x_i et d'ordonnée y_i

$f_{IA}(s_i)$: Mesure radiométrique de l'image IA au site s_i

$f \circ g = f[g]$: Composition de l'opérateur f par g

E : Opérateur de filtrage passe bas

ρ_D : Gradient morphologique de Beucher

ρ_D^- : Demi gradients morphologiques interne

ρ_D^+ : Demi gradients morphologiques externe

ϵ_D : Érosion morphologique d'élément structurant D

δ_D : Dilatation morphologique d'élément structurant D

γ_D : Ouverture morphologique d'élément structurant D

ϕ_D : Fermeture morphologique d'élément structurant D

$K(s_i)$: Coéfficient de pondération marginal au site s_i

μ_{IA} : Moyenne de l'image IA

σ_{IA} : Écart type de l'image IA

$\vee f_{IA}$: Maximum de l'image IA

$\wedge f_{IA}$: Minimum de l'image IA

h_c : Opérateur de filtrage contextuel

μ_n : Moyenne de la région des nappes d'hydrocarbures

μ_m : Moyenne de la région de la mer non polluée

σ_n : Écart type de la région des nappes d'hydrocarbures

σ_m : Écart type de la région de la mer non polluée

p_n : Probabilités *a priori* de la région des nappes d'hydrocarbures

p_m : Probabilités *a priori* de la région de la mer non polluée

T_h : Seuils de vraissemblance haut (nappes)

T_l : Seuils de vraissemblance bas (mer)

χ : Opérateur de seuillage

θ_k : Angle d'hystérésis d'indice k

p : Nombre de directions de l'hystérésis

P_d : Probabilité de détection

P_{fa} : Probabilité de fausses alarmes

P_{seg} : Probabilité globale de la segmentation

M_c : Matrice de confusion

$f_{IA}^{(j)}$: Intensité de l'image IA au niveau j de la décomposition pyramidale

Δ_{k_j} : Opérateur de filtrage au niveau j de la décomposition pyramidale d'élément structurant D_{k_j}

k_j : Taille de l'élément structurant D_{k_j}

$\mu_{IA}^{(j)}$: Intensité moyenne de IA au niveau j de la décomposition pyramidale

$\mu_k^{(j)}(s_i)$: Degré d'appartenance de s_i à la classe C_k selon l'image du niveau j

D_{ik} : Mesure multi spectrale de similarité entre le vecteur de mesure s_i et celui du centre de la classe k

$\mu_k(s_i)$: Degré d'appartenance de s_i à la classe C_k selon D_{ik}

∇f_{IA} : Gradient scalaire de l'image IA.

$H(f_{IA}^{(j)})$: Probabilité empirique de $f_{IA}^{(j)}$ dans la région considérée

$\mathcal{M}_k^{(j)}$: Moments non centrés d'ordre k à l'échelle j

$\widetilde{\mathcal{M}}_k^{(j)}$: Moments centrés d'ordre k à l'échelle j

$\mathcal{D}^{(j)}$: Dynamique relative à l'échelle j

$\mathcal{C}^{(j)}$: Contraste à l'échelle j

$\mathcal{V}^{(j)}$: Coéfficient de variation à l'échelle j

$\mathcal{W}^{(j)}$: Énergie à l'échelle j

$\mathcal{H}^{(j)}$: Entropie à l'échelle j

A : Aire de région

P : Périmètre de région

C : Complexité de région

$\lambda_{Re}^{(j)}$: Mesure de l'attribut λ dans la région Re à l'échelle j

$\Lambda_{cible}^{(j)}$: Critère d'analyse de la région *cible* à l'échelle j

Abbréviations

1-D : Une Dimension

2-D : Deux Dimensions

ASC : Agence Spatiale Canadienne

AUF : Agence Universitaire de la Francophonie

BAC : Bureau Afrique Centrale

BcR : border contrast ratio

BdR : border dynamic ratio

BgcR : border gradient contrast ratio

BgdR : border gradient dynamic ratio

BgmR : border gradient mean ratio

BgpmR : border gradient power to mean ratio

BgsdR : border gradient standard deviation ratio

BmR : border mean ratio

BpmR : border power to mean ratio

BsdR : border standard deviation ratio

CCT : Centre Canadien de Télédétection

CG : image du Contraste sur Gradient

CRL : Communications Research Laboratory

DNH : Détection des Nappes d'Hydrocarbures

DOSE : Detection Oil Spill Experiment

ENSET : École Nationale Supérieure d'Enseignement Technique

ENSP : École Nationale Supérieure Polytechnique

ENST : École Nationale Supérieure des Télécommunications

ENVISAT : ENVIronmental SATellite

EOM : ERIM SAR Ocean Model

ERS : Environmental Research Satellite

ESA : European Space Agency

FCM : Fuzzy C-Mean

FI : Filtered Image

FIRSHD : Fusion Interpolée des Réponses issues du Seuillage par Hystérésis Directionnel

FRSHD : Fusion des Réponses issues du Seuillage par Hystérésis Directionnel

FRI : Fréquence de Répétition des Impulsions

GPS : Global Position System

GSV : image du Gradient du Spectre de Vagues

I : Image originale

IE : Image estimée

ABBRÉVIATIONS

IERS : Institut Européen de Recherche Spatiale

IF : image Filtrée

IG : Image du gradient

IS : Image des Signatures de nappes d'hydrocarbures

IUT : Institut Universitaire de Technologie

JERS : Japanese Earth Ressource Satellite

LFS : Laser-fluoro-sensor

MARSAIS : MARine SAR Analyses and Interpretation System

MLP : MultiLayer Perceptrons

MOSS : Multiscale Oil Slik Segmentation

NASDA : NAtional Space Development Agency

NERSC : Nansen Environmental and Remote Sensing Center

NRCS : Normalized Radar Cross Section

ONU : Organisation des Nations Unies

PNUE : Programme des Nations Unies pour l'Environnement

PRI : PRécision Image

RADAR : RAdio Detection And Ranging

RADARSAT : RADAR SATellite

ROR : Radar à Ouverture Réelle

ROS : Radar à Ouverture Synthétique

RSO : Radar à Synthèse d'Ouverture

SAR : Synthetic Aperture Radar

SEASAT : SEA SATtelite

SeaWiFS : Sea-viewing Wide Field-of-view Sensor

SER : Surface Equivalente Radar

SH : Seuillage par Hystérésis

SHD : Seuillage par Hystérésis Directionnel

SI : Seuillage sur l'Intensité

SIR : Shuttle Imaging Radar

SLC : Single Look Complex

ScR : spot contrast ratio

SdR : spot dynamic ratio

SgcR : spot gradient contrast ratio

SgdR : spot gradient dynamic ratio

SgmR : spot gradient mean ratio

SgpmR : spot gradient power to mean ratio

SgsdR : spot gradient standard deviation ratio

SmR : spot mean ratio

SNNS : Stuttgart Neural Network Simulator

SNR : Signal to Noise Ratio

SpmR : spot power to mean ratio

SRTM : Shuttle Radar Topography Mission

ABBRÉVIATIONS

SsdR : spot standard deviation ratio

SSMA : Station Spatiale Militaire Almaz

SV : image du Spectre de Vagues

USA : United States of America

WS : Wave Spectrum image

Introduction générale

1. Motivations

70,8% de la surface de la planète est occupée par les eaux avec une profondeur moyenne des mers d'environ 3800 mètres [87]. La planète s'apparente donc en grande partie à un corps à l'état liquide. L'océan recèle la presque totalité de ce qui existe dans notre globe. Il est le milieu indispensable à la vie, à sa naissance, à son développement, à sa persistance. Il est un milieu conservatif par ses vertus de volant thermique. Il est le réceptacle de la plupart des éléments chimiques connus. Il recèle, beaucoup plus que la terre, des organismes qui constituent les ancêtres de la vie, dont l'étude nous amène à celle de stades primitifs. L'eau qui en est le principal constituant, vient des mers par le biais de l'air. Les échanges interactives entre la terre, l'eau et l'air conditionnent notre vie dont l'océan assure le conditionnement thermique. Une moindre perturbation de l'équilibre établi par ces trois corps entraine des phénomènes de pesanteur contraignante. L'océan ici est comparé à un chateau d'eau dans un quartier, il rend notre globe habitable. Les populations qui habitent sur ses bords sont également nourries par elle. A ces égards, les océans ne méritent-elles pas une attention particulière ?

L'intensification des activités pétrolières (forages, transport, raffinage) en milieu marin, les naufrages de pétroliers et les déversements accidentels ou délibérés en mer, sont à l'origine d'une pollution toujours croissante de l'eau par les hydrocarbures. Les statistiques de la pollution chronique (vidange de pétroliers) indiquent que 5 millions de tonnes de pétrole sont déversés chaque année, soit une surface estimée à 60 millions de km^2 de film mince de pétrole engloutis par les océans [123]. Au large de Singapour, 2530 images acquises entre 1995 et 1998 par le satellite ERS-2 démontrent que 45% des nappes détectées proviennent de déversements délibérés [103, 104]. En 2001, les résultats d'une étude indiquent que à 44% d'images issues du même satellite présentent des nappes d'hydrocarbures sur les 1600 de la mer Méditéranée. 40,3% des polluants sont nouvelles et 38,5% en cours de formation à travers des bateaux parfois visibles dans les images [122].

Les grandes catastrophes écologiques de pollution aiguë (accidents de navigation, de forage et de guerre) sont à la limite indénombrables. En mer Méditérranée, 311 déversements ont été identifiés entre 1977 et 2000 dans [128]. Il est pertinent de citer quelques naufrages enregistrés au cours de ces 30 dernières années [22, 123] : *Torrey Canyon* (18 mars 1967) sur les côtes Anglaises et Françaises, *Sea-Star* (19 décembre 1972) sur le Golfe d'Oman, *Showa-Maru* (7 juin 1975) près de Singapour, *Olympic Bravery* (13 mars 1976) sur la côte d'Ouessant, *Urquiola* (12 mai 1976) à la Corogne, *Amoco-Cadiz* (16 mars 1978) sur les côtes Bretonnes, *Ixtoc-1* (3 juin 1979) au Mexique, les installations *offshore* (en mars 1983), *Castillo de Beilver* (5 août 1983) en Afrique du Sud, *Exxon-Valdez* (24 mars 1989) en Alaska, *Sea Spirit* (8 août 1990) au large de Gilbratar, la guerre du Golf et particulièrement le sabotage du puit de pétrole et du terminal de *Mina al Ahmadi* (26 janvier 1991), *Haven* (11 avril 1991) en Mer méditérrannée, *Braer* (5 janvier 1993) aux Shetland, *Sea Empress* (15 février 1996) au Pays de Galles, *Nakhadka* (2 janvier 1997) au Japon, *Erika* (12 décembre 1999) en France, *Jessica* (16 janvier 2001) à l'île de Cristobal au Galapagos, *Baltic Carrier* (28 au 29 mars 2001) au Danemark, *Melridge Bilbao* (12 novembre 2001) sur l'île de Molène, *Prestige* (19 novembre 2002) au large des côtes de Galice, pour ne citer que ceux-là. Le bilan est catastrophique et lourd de conséquences.

Dans le Golfe de Guinée, les statistiques de la pollution ne semblent pas toujours médiatisées. Est-ce à dire que cette région n'en est pas victime ? Au Cameroun, par exemple, la raffinerie à Limbé, le terminal du pipeline Tchad-Cameroun à Kribi et les exploitations *offshore* de la Guinée Équatoriale au large du Golfe de Guinée entrainent un trafic maritime de transport d'hydrocarbures intense, et multiplient les risques de pollutions des côtes Camerounaises.

Dans ces circonstances, de grands déséquilibres de l'écosystème, à la fois côtier et aquatique, sont constatés [26]. Le pétrole provoque les effets biologiques redoutables sur la faune. Les échanges gazeux sont perturbés en surface, l'oxygénation de l'eau devient difficile. Les poissons sont asphyxiés en surface, ils quittent les eaux superficielles en faveur des eaux plus profondes. Les mamifères marins et les oiseaux perdent leur isolation thermique et meurent de froid. De même que les hommes, toute la faune a des difficultés à se nourrir. Les œufs et les larves qui sont destinés à la reproduction des espèces remontent en surface. Les centres nerveux des crabes sont affectés. Les mutations génétiques qui en découlent sont impréssionnantes. Sur les côtes, les plages sont érodées suite à la migration des hydrocarbures mettant en péril le tourisme dans ces régions. En définitive, l'impact de la pollution par les hydrocarbures est néfaste et les conséquences écologiques, économiques, sociales et hydrologiques préoccupantes.

Par conséquent, la survie de l'homme est ménacée. L'opinion internationale est aujourd'hui mobilisée sur la nécéssité de la protection de l'environnement marin contre un tel fléau. Les polluants dérivant de manière très aléatoire dans les océans, la préoccupation devient planétaire, et par conséquent, la mobilisation ainsi que les solutions adoptées pour endiguer le phénomène se déploient à l'échelle planétaire. Ainsi, l'organisation des nations unies (ONU), par le biais du Programme des Nations Unies pour l'Environnement (PNUE) a dressé des stratégies de survie pour les mers régionales et leurs partenaires [127], notamment la Méditerranée, la Mer Rouge et le golfe d'Aden, la région du Koweït, les Caraïbes, les mers de l'Asie de l'Est, le pacifique Sud-Est, l'Afrique de l'Ouest et du Centre, le pacifique Sud, l'Afrique de l'Est, la Mer Noire, le pacifique Nord-Ouest, les mers de l'Asie du Sud, le pacifique Nord-Est, l'Atlantique Sud-Ouest, la mer Baltique, l'Atlantique du Nord-Est, l'Arctique et l'Antarctique. Les chercheurs ne sont pas en reste. Inscrits dans le même élan, les scientifiques, et particulièrement ceux de la télédétection par radar à synthèse d'ouverture (RSO) (synthetic aperture radar (SAR)), se sont investis depuis la mise en orbite des premiers porteurs.

2. Contexte général du projet

Avec le lancement du satellite SEASAT le 28 juin 1978, diverses applications s'établissent comme de nouveaux pôles d'intérêt pour les océanographes [129] : la couleur de l'océan, la qualité de l'eau, la bathymétrie, la rugosité de la surface, les nappes en surface, la température de l'eau, les conditions de transfert de chaleur avec la surface, la topographie sous marine, les ondes internes, la direction et la hauteur de la houle, la salinité, les courants marins de toutes sortes, la direction et l'amplitude du vent, la concentration des sediments et des phytoplanktons dans les eaux, pour ne citer que ceux-là.

Dans le cadre de la pollution des eaux par les hydrocarbures, les scientifiques se sont tout d'abord intéressés aux conditions de détectabilité donc de visibilité des nappes dans les images RSO. La seconde démarche s'est focalisée sur les premières méthodes de traitement numérique en vue de l'amélioration de la détection des nappes d'hydrocarbures (DNH) à partir d'images RSO. Diverses techniques ont été explorées. Et lors de la mise en œuvre de quelques systèmes opérationnels de reconnaissance sur le terrain des nappes d'hydrocarbures dans les images, il est établi que divers phénomènes atmosphériques et océaniques présentent des signatures similaires. Par conséquent, la troisième démarche scientifique a conduit au développement des méthodes numériques permettant de caractériser les signatures détectée en vue de leur discrimination, les uns par rapport aux autres. Mais la ressemblance est si persistante qu'il devient commun de faire usage d'informations complémentaires issues de l'environnement marin. Au fur et à mesure que l'on approfondit le sujet, les champs d'étude intègrent des nouvelles contraintes et s'ouvrent à d'autres disciplines. Par conséquent, la mise en œuvre devient très coûteuse. Les océanographes, par exemple, abordent d'autres volets parallèles de la question, notamment les analyses physico-chimiques en laboratoire, la modélisation et la simulation de divers phénomènes dynamiques marins induits par la présence des nappes à la surface de la mer.

3. Objectifs de la thèse

Bien que datant d'un peu plus d'une quinzaine d'années seulement, la DNH par le traitement d'images RSO a connu des progrès significatifs. Cette application de la télédétection a certainement été freinée par deux facteurs : le coût faramineux des travaux de mesure *in situ* et l'ambiguité créée par la présence très régulière des fausses alarmes à l'issue des missions de vérification des nappes par des capteurs aéroportés. Heureusement, ces diverses difficultés ravivent d'avantage les scientifiques, rendant le sujet de plus en plus passionnant.

Les traiteurs d'images continuent à œuvrer dans le sens de l'amélioration des capacités de détectabilité du RSO. Cependant, nous pensons que la "discrimination (classification) des nappes" (voir la figure 4.1) a ravi la vedette à la "détection des nappes" de manière précoce. En d'autres termes, l'étape initiale n'aurait pas suffisamment été explorée pour deux raisons. La première raison est l'illusion selon laquelle les nappes sont très souvent visibles dans les images, sans efforts logiciels majeurs. La deuxième raison est liée à l'actualité scientifique. Pendant plusieurs années, les échecs enregistrés par les missions de reconnaissance des nappes par avion a fait de la similarité des phénomènes un scoop scientifique. Le phénomène de similarité des signatures a de plus en plus gagné du terrain. La classification des nappes est alors devenue la préoccupation principale au détriment de la détection spatiale des polluants. De plus en plus, l'information radar semble ne plus donner entière satisfaction, alors les algorithmes sont étendus à diverses autres informations auxiliaires de l'environnement marin. Les coûts des études deviennent faramineux rendant le sujet inaccéssible pour les démunis et difficile pour les plus nantis.

Dans ce contexte, l'objectif principal de nos travaux est d'apporter une contribution à la détection des nappes d'hydrocarbures. Pour être plus précis, il sera question de proposer quelques méthodes améliorant la segmentation des nappes, et procédant à leur caractérisation en vue de les discriminer des fausses alarmes générées par d'autres phénomènes atmosphériques ou océaniques. Les données disponibles seront des images RSO d'amplitude, et il ne sera nullement question de tenir compte des informations auxiliaires qui accompagnent l'acquisition des dites images.

Pour ainsi optimiser le processus de détection des nappes d'hydrocarbures (DNH) dans les images RSO, il est nécessaire de circonscrire, de la manière la plus précise

INTRODUCTION GÉNÉRALE 33

possible, les surfaces occupées par celles-ci, des plus fins détails aux signatures les plus étendues et les plus grossières. Par conséquent, les approches usuelles de la littérature présentent des forces et des faiblesses de manière individuelle et dépendante des contextes. De ce fait, il faudra capitaliser au mieux les acquis de chacune d'elles, avec le souci d'améliorer la localisation spatiale des nappes tout en minimisant les fausses alarmes. Les méthodes de DNH que nous proposons dans la suite, portent alors, d'une part sur la fusion interpolée des réponses issues du seuillage par hystérésis directionnel (FIRSHD) [80, 79], et d'autre part sur la décomposition multi échelle du spectre de vagues par l'usage des pyramides hybrides [81]. L'analyse directe qui doit succéder à ces traitements doit permettre d'extraire les caractéristiques géométriques et texturales qui traduisent au mieux la réalité du terrain étudié. Par conséquent, la méthode déployée pour la caractérisation des signatures extraites devra s'adapter aux modèles de surface adoptés. Elle est basée sur la notion de spectre de texture [78].

En effet, la classification des nappes est très dépendante de la qualité de la segmentation de celles-ci (voir figure 4.1). Les erreurs de traitement sont multiplicatives de la première à la deuxième, puis à la troisième étape. C'est l'une des raisons pour laquelle un point d'honneur est mis sur la détection des signatures. La première contrainte consiste à améliorer la précision globale de la détection du point de vue spatial, c'est à dire maximiser la probabilité de détection des nappes et minimiser celle des fausses alarmes sur le fond des images. Le deuxième souci est la minimisation les coûts de détection. Un grand nombre de pays, notamment ceux de l'Afrique, de l'Amérique du Sud, de l'Asie et de l'Europe de l'Est, ne possèdent pas toujours les gros moyens financiers nécéssaires à une lutte efficace contre ces phénomènes de pollution marine. Dans ce contexte, il est judicieux de se limiter à l'utilisation des données radar sans prétendre disposer des diverses informations contextuelles le plus souvent inaccéssibles et très couteuses.

Les méthodes proposées sont fondées sur des concepts établis par la RSO océanographie, notamment sur quelques résultats physico-chimiques de l'observation, *in situ* ou en laboratoire, des fluides géophysiques en situation ou non de pollution par des hydrocarbures.

4. Organisation de la thèse

Ces travaux ont nécéssité une comparaison aussi exhaustive que possible, pour aboutir à une évaluation fine des performances des différentes méthodes d'extraction des signatures de nappes d'hydrocarbures. Cette étape a permis d'éffectuer un état de l'art suffisamment complet du sujet par la prise en main des méthodes existantes.

Une analyse physique des interactions observées à la surface de l'océan ainsi que des phénomènes induits par la présence des nappes d'hydrocarbures, a été envisagée pour conduire à des hypothèses de travail. Ainsi observée, la surface de l'océan est munie de caractéristiques physiques spécifiques. L'observation RSO correspondante présente également des caractéristiques géométriques et texturales particulières qui permettent de nouvelles perspectives de détection, de caractérisation et de discrimination des nappes d'hydrocarbures.

Pour respecter cette démarche, le développement de la thèse est éssentiellement organisée en trois parties. La **première partie** (chapitres 1 et 2) développe le cadre théorique des mécanismes d'imagerie RSO d'une surface non polluée de l'océan. Dans la **deuxième partie** (chapitres 3 et 4), il est question de faire une description aussi large que possible de la littérature sur l'usage des images RSO dans la détection des nappes d'hydrocarbures. Elle conduit ensuite à l'énoncé des hypothèses principales. La **troisième partie** (chapitres 5, 6 et 7) constitue notre contribution dans le projet. Elle est consacrée à la présentation des méthodes développées pour la détection et la caratérisation des signatures de nappes d'hydrocarbures dans les images RSO.

Le **chapitre 1** fait état des principes théoriques qui régissent une acquisition par RSO. Le formalisme décrivant ce capteur s'appuie principalement sur les techniques de traitement du signal. Il porte sur l'histoire du radar de surveillance, les spécificités du signal RSO, les notions physiques de la rétrodiffusion sur une surface quelconque de la terre, et les propriétés des images acquises par ce capteur.

Après le RSO, le **chapitre 2** développe une application spécifique de ce système : la *RSO océanographie*. Elle aborde les grands concepts de la physique de l'imagerie RSO de la surface de la mer sans traces de pollution. Dans ce chapitre, il est d'abord recensé les phénomènes atmosphériques et océanographiques observables dans les images RSO. La géophysique de cette surface est ensuite décrite en considérant qu'elle est essentiellement constituée d'une superposition de vagues de surface. Cette analyse conduit alors à une première classification des vagues en fonction de leurs fréquences, puis à une deuxième grâce à la considération des effets de la tension superficielle, de la superposition de cette tension et de la gravité. À partir de la théorie de l'interaction hydrodynamique faible, la surface de l'océan est modélisée par une fonction source qui traduit les perturbations dues à l'action combinée du vent, des interactions vagues-vagues non linéaires et des mécanismes de dissipation moléculaires et turbulentes. La réflection de l'onde RSO sur une telle surface est régie par le phénomène résonnant de rétrodiffusion de Bragg. La formation des images est gouvernée par trois mécanismes gênants, notamment la distorsion de balayage, la modulation hydrodynamique et la modulation d'inclinaison. Ceci traduit un spectre de la mer à trois variables qui renforce la difficulté d'accès à l'information recherchée par le biais d'une "modeste" image d'intensité RSO de la surface de la mer.

INTRODUCTION GÉNÉRALE 35

L'intrusion des nappes d'hydrocarbures à la surface de l'océan en change les propriétés. De ce fait, le **chapitre 3** décrit les changements dus à l'interaction des nappes. Il présente les concepts physico-chimiques qui rendent possible la détection des nappes dans les images RSO de la surface de l'océan. Il revient sur les notions générales de la pollution par les hydrocarbures et décrit les principales influences des nappes, notamment l'interaction hydrophobe hydrocarbures-eau et l'atténuation des vagues de surface. Le modèle développé sur une surface de mer vierge se trouve également modifié. Cette revision du modèle en zone polluée conduit à une estimation de l'atténuation spectrale en fonction des propriétés de la nappe observée. Elle traduit la modification du spectre induite par la présence des nappes. Ce chapitre présente ensuite la situation de la recherche sur l'observation par le RSO d'une surface, cette fois, polluée de la mer. Il revient sur les systèmes satellitaires utilisés, sur la détectabilité des nappes d'hydrocarbures dans les images RSO. Il analyse enfin les facteurs issus des interactions des milieux en présence, qui influenceraient, directement ou indirectement, le problème de détection des nappes dans les images RSO. Cet état de l'art conduit enfin vers l'éventualité d'un système autonome de détection qui doit pouvoir prendre en compte, à la fois, les caractéristiques du RSO, les propriétés des hydrocarbures à la surface, les conditions océaniques, atmosphériques et météorologiques.

Le **chapitre 4** fait état des techniques de traitement numérique proposés dans la littérature en vue d'améliorer les conditions de détection, de caractérisation et de classification des nappes d'hydrocarbures dans les images RSO. Il décrit en détail les méthodes de détections, qu'elles soient statistiques ou multiéchelles, et en fait une analyse critique à partir des résultats générés. Au vue des limites et des forces des unes et des autres, de nouvelles hypothèses de travail basées sur la *RSO océanographie*, sont énoncées en vue de la mise en œuvre de nouveaux algorithmes de détection et de caractérisation des nappes d'hydrocarbures dans les images RSO de la surface de l'océan.

Le **chapitre 5** présente la première innovation en terme de détection des signatures de nappes d'hydrocarbures. Cette nouvelle méthode statistique est nommée la fusion interpolée des réponses issues du seuillage par hystérésis directionnel (FIR-SHD). Elle est fondée sur le comportement linéique des nappes à la surface d'une mer soumise à des turbulences, agitation due aux effets atmosphériques et océaniques. Elle procède alors par extraction des nappes sous la forme de structures linéaires adjacentes. Elle se résume en une nouvelle technique de filtrage adapté à la surface locale, au seuillage par hystérésis directionnel selon les huit directions de Freeman, à la fusion floue des réponses directionnelles et à une interpolation entre les différentes directions obtenue par des opérateurs de morphologie mathématique.

Une seconde stratégie de détection est présentée au **chapitre 6**. Il s'agit d'une approche de détection multiéchelle basée sur les pyramides hybrides. Considérant la surface comme une superposition de vagues de tailles différentes, elle procède par la caractérisation du spectre de vagues pour en extraire les images de chaque échelle de vagues. Une fusion judicieuse des images issue de ce spectre conduit alors à des signatures recherchées.

Le **chapitre 7** décrit la méthode développée en vue de la caractérisation directe des signatures de nappes. Cette nouvelle approche s'appuie non seulement sur la géophysique décrite de la surface de l'océan, mais aussi sur l'interaction hydrophobe constatée de la solubilité des hydrocarbures dans l'eau (et vice versa) et également sur le phénomène observé de l'atténuation de la hauteur des vagues sur les surfaces occupées par les nappes d'hydrocarbures. L'hydrophobie conduit à la division spatiale de la surface de l'océan en trois régions distinctes, chacune étant caractérisée par son spectre. L'atténuation spectrale peut alors être évaluée en fonction des propriétés physiques des nappes. Identifiée aux propriétés de la texture de chacune des régions, elle conduit à l'élaboration des spectres de texture grâce aux images du spectre de vagues.

Enfin, une conclusion générale clôt la thèse. Elle dresse une synthèse des résultats obtenus sur les trois méthodes de traitement développées, notamment sur la FIRSHD, l'approche multiéchelle pour la DNH et la technique de caractérisation basée sur la notion de spectre de texture. En fonction des limites notées des différentes contributions, on y suggère des perspectives nouvelles de recherche pour en améliorer les résultats.

Première partie

Fondamentaux de l'imagerie radar à synthèse d'ouverture de la surface de la mer

Chapitre 1

Présentation du capteur RSO

1.1 Introduction

Les RSO sont des capteurs imageurs actifs généralement portés par deux types de vecteurs en fonction des nécéssités de fonctionnement, notamment les satellites et les avions. Ces modes de transport leurs incombent respectivement des appelations différentes, telles les *radars satellitaires* et les *radars aéportés*. L'application qui nous concerne utilise le RSO monostatique pour mesurer les propriétés rétrodiffusantes d'une surface terrestre et/ou marine. Les caractéristiques de l'onde électromagnétique, le choix du type d'orbite du satellite, les conditions de fonctionnement et les dimensions du capteur confèrent des caractéristiques spécifiques aux images d'observation qui en résultent.

Le procédé d'obtention des images d'intensité (et d'amplitude) du capteur RSO est complexe. Sa description est suffisamment dense pour être cernée dans un seul chapitre. Pour l'essentiel, en télédétection spatiale, on utilise les propriétés d'émission de sources et de réflexion de la surface terrestre - cette dernière se comporte comme un corps gris - des ondes électromagnétiques. De manière spécifique, les méthodes de télédétection hyperfréquences sont basées sur des lois particulières aux hyperfréquences. Assimiler ces dernières permet de comprendre et d'utiliser, de manière optimale, les informations obtenues dans le domaine. Dans ce chapitre, nous ne reviendrons pas sur les notions physiques de base portant sur le rayonnement, les sources de propagation, les récepteurs, les phénomènes d'absorption, de transmission d'énergie, les perturbations atmosphériques, notions pour lesquelles nous invitons les lecteurs à consulter les références [56] et [107].

En outre, la transparence des hyperfréquences face à l'atmosphère, l'indépendance du système actif vis-à-vis de l'énergie solaire et la particularité des interactions rayonnement-matière nous conduisent à mettre directement l'accent sur le radar à synthèse d'ouverture. En nous référant à [107], nous en expliquons les origines, ainsi que le fonctionnement du point de vue du traitement du signal reçu. Puis, nous décrivons le phénomène physique de la rétrodiffusion qui traduit les échanges entre le rayonnement électromagnétique et la surface observée [56]. Ces transferts d'énergie dépendent alors des paramètres géométriques - notamment l'angle d'incidence de l'onde émise et la rugosité de la surface observée - et diélectriques des matériaux constituant cette surface. La puissance reçue du signal rétrodiffusé est captée, pixel par pixel, sous la forme d'un tableau de valeurs complexes dont les amplitudes et les intensités constituent les données images d'entrée que nous allons devoir utiliser dans le cadre de ces travaux. Et c'est la raison de l'intérêt que nous accordons, en fin de chapitre, aux images d'intensité, d'une part, et aux images d'amplitude, d'autre part.

1.2 Les origines du RSO

1.2.1 Principe de fonctionnement du radar

Le capteur RSO tire son principe du RADAR de surveillance classique qui, à la base, se fonde sur les principes de la propagation de l'onde électromagnétique. Une onde émise par le capteur, en général monostatique, est réfléchie par une cible, et l'écho reçu est analysé dans le but de détecter, de localiser, de surveiller, d'imager, d'identifier, de mesurer ou de caractériser la cible observée. Pour une analyse profonde de l'écho par le radar, nous invitons le lecteur à lire l'ouvrage de *Darricau* [28]. Ce dernier développe tous les aspects théoriques liés à la détection de cibles, notamment les principes et éléments de base de radars, ses paramètres de détection, ses concepts et fonctionnalités.

En ce qui concerne le radar imageur à visée latérale (figure 1.1), celui-ci illumine une portion rectangulaire de la surface à chaque impulsion émise. L'étendue de l'empreinte laissée par le signal radar décide de sa résolution, en d'autres mots de sa capacité à séparer deux cibles voisines, tant en distance qu'en azimut. La résolution en distance (ou résolution radiale) est proportionnelle à la largeur spatiale de l'impulsion émise, soit $r_{dist} = \frac{c\tau}{2}$ (τ est la durée de l'impulsion de l'émission à la réception et c la vitesse de propagation de la lumière). En azimut, c'est à dire dans le sens de déplacement du satellite, la résolution r_{azim} dépend de l'ouverture du diagramme d'antenne θ_{3dB} (correspondant, par convention, à un angle d'ouverture de $-3dB$) et de la distance d'observation D, soit $r_{azim} = \theta_{3dB} D \approx \frac{\lambda_r}{L} D$ (λ_r est la longueur d'onde et L la longueur de l'antenne du radar). En outre, la fréquence de répétition des impulsions (FRI) est forcement adaptée à la vitesse de déplacement du radar V_s et à r_{azim}. Pour que le radar se déplace le long de sa trajectoire d'une distance correspondant à r_{azim} entre deux impulsions, on doit impérativement avoir $FRI = \frac{V_s}{r_{azim}}$ [107].

1.2. LES ORIGINES DU RSO

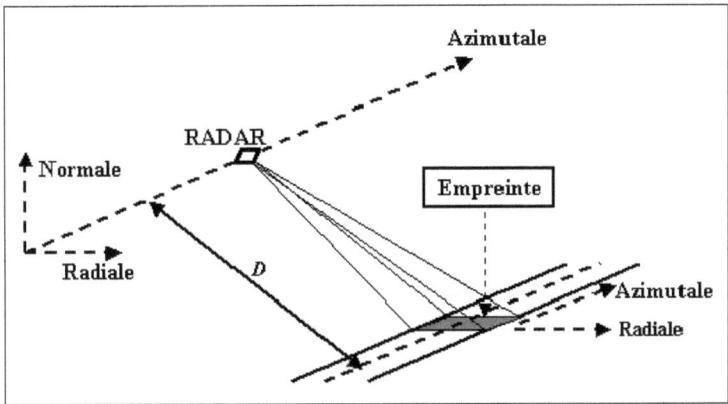

FIGURE 1.1 – Illustration de l'acquisition d'une surface distante de D selon les deux directions, radiale et azimutale

L'amélioration de la résolution azimutale décrite du radar passe nécessairement par l'augmentation de la taille de l'antenne. Ceci ne pouvant se faire indéfiniment, les radaristes ont recours à une approche virtuelle de l'agrandissement de l'antenne. Ce souci de performance a conduit à la naissance du RSO dont le principe est de synthétiser, en combinant tous les échos en phase, une antenne réseau de grande taille. Il s'agit d'utiliser le déplacement du satellite et la cohérence des signaux afin de reconstituer, par calcul, une antenne de grande dimension. Ainsi, l'image obtenue d'une cellule semble résulter alors d'une antenne qui serait la réunion de toutes les antennes élémentaires.

1.2.2 L'équation du radar

Le transfert d'énergie établi entre un radar monostatique et une cible caractérisée par son pouvoir réflecteur par unité de surface éclairée ou Surface Equivalente Radar (SER) σ_0 est modélisé par l'*équation du radar*. Celle-ci relie les puissances émise (P_e) et reçue (P_r) d'une onde électromagnétique, de longueur d'onde λ_r :

$$\frac{P_r}{P_e} = \sigma_0 \frac{G^2 \lambda_r^{\,2}}{(4\pi)^3 D^4 a} \qquad (1.1)$$

où G est le gain d'antenne, a les pertes liées à l'absorption dans les milieux traversés par le rayonnement et D la distance entre le radar et la cible, le terme D^4 correspond à l'atténuation géométrique issue du trajet de l'impulsion. La SER prend en compte les caractéristiques géométriques (forme) et diélectrique de la cible observée.

En outre, l'équation du radar ne prend pas en compte les bruits, ni internes, ni externes. Le rapport signal sur bruit (RSB) devient alors un indicateur de la performance du radar qui, par le traitement des signaux, tient compte de nouveaux facteurs. Il est assimilé à l'inverse du produit de la bande passante B et de la contribution du bruit T en Kelvin. Ce qui traduit qu'un signal à bande étroite génère un meilleur RSB qu'un signal à large bande. Il est difficile d'agir directement sur la largeur de la bande. On a alors recours à la technique de la compression d'impulsion qui, grâce à l'utilisation d'un signal modulé linéairement en fréquence, permet d'obtenir une bonne résolution radiale à partir d'un signal à large bande.

1.3 Spécificités du signal RSO

La théorie du signal RSO est developpée, à sa base, en considérant une antenne parfaite ne disposant dans son rayonnement que du lobe principal, sans prendre en compte les lobes secondaires dont les effets sont en général introduits lors de la mise en œuvre du RSO satellitaire. Le concept fait état à la fois des analyses radiale (compression d'impulsion) et azimutale (antenne synthétique) du signal radar.

1.3.1 Principe de la compression d'impulsion

Si nous considérons un radar immobile et émettant un signal sinusoïdal $E(t)$, centré sur la fréquence f_c, modulé en fréquence :

$$E(t) = E_0 \exp\left[2j\pi\left(f_c t + \frac{Kt^2}{2}\right)\right] \quad (1.2)$$

$|t| \leq \frac{\tau}{2}$. K est l'indice de modulation. À une distance D_c, se trouve une cible de SER σ_0 qui rétrodiffuse le signal vers le radar. Le signal reçu $R(t)$ est de la forme :

$$R(t) = \sigma_0 E_0 \exp\left[2j\pi\left(f_c(t - t_c) + \frac{K(t - t_c)^2}{2}\right)\right] \quad (1.3)$$

$|t - t_c| \leq \frac{\tau}{2}$, $t_c = \frac{2D_c}{c}$. Pour analyser le signal reçu $R(t)$, on applique un filtrage adapté au signal émis $E(t)$, ce qui génère le signal détecté $S_{t_c}(t)$:

$$S_{t_c}(t) = \int_{-\infty}^{+\infty} E^*(t - t_c) R(t') dt' \quad (1.4)$$

D'où :

1.3. SPÉCIFICITÉS DU SIGNAL RSO

$$S_{t_c}(t) = \sigma_0 E_0^2 \exp\left(2j\pi f_c(t-t_c)\right) \int_{-\infty}^{+\infty} \exp\left[-2j\pi \frac{K(t'-t)^2}{2}\right] \exp\left[2j\pi \frac{K(t'-t_c)^2}{2}\right] dt' \quad (1.5)$$

En posant $\varrho = 2\pi K(t-t_c)$ et $T_s(t) = \frac{\tau}{2} - \frac{|t-t_c|}{2}$, l'expression générale du signal détecté pour $t \in [t_c - \tau, t_c + \tau]$ s'écrit alors [107] :

$$S_{t_c}(t) = \sigma_0 E_0^2 \exp\left(2j\pi f_c(t-t_c)\right) \cdot 2T_s(t) \frac{\sin\left(\varrho T_s(t)\right)}{\varrho T_s(t)} \quad (1.6)$$

Le signal détecté est de la forme d'un sinus cardinal, pondéré par $T_s(t)$ qui représente une fenêtre triangulaire centrée en t_c et de largeur 2τ. Si l'onde n'est pas modulée en fréquence, $K = 0$ et par conséquent, le sinus cardinal se réduit à une impulsion de Dirac. Dans le cas contraire, le sinus cardinal dépend de ϱ et de $T_s(t)$, donc de t. Dans un voisinage de t_c, il est établit que $T_s(t) \approx \frac{\tau}{2}$. L'équation 1.6 devient alors :

$$S_{t_c}(t) \approx \sigma_0 E_0^2 \exp\left(2j\pi f_c(t-t_c)\right) \cdot \tau \frac{\sin\left(\varrho \frac{\tau}{2}\right)}{\varrho \frac{\tau}{2}} \quad (1.7)$$

et donc :

$$S_{t_c}(t) \approx \sigma_0 E_0^2 \tau \cdot \exp\left(2j\pi f_c(t-t_c)\right) \cdot \frac{\sin \pi K\tau(t-t_c))}{\pi K\tau(t-t_c)} \quad (1.8)$$

1.3.2 Résolution radiale du RSO

La mesure de la résolution radiale passe par une analyse du sinus cardinal. Elle est caractérisée par la durée de l'impulsion $\delta t = t - t_c$ qui correspond à une distance $\frac{c\delta t}{2}$. Pour déterminer la résolution radiale, on a le choix parmis plusieurs critères [107]. Parmi ces derniers, on retient celui de la compression d'impulsion par l'utilisation d'une onde modulée en fréquence, avec une largeur de lobe à $3,92\,dB$. La résolution radiale devient alors :

$$\delta_{dist} = \frac{c}{2}\frac{1}{K\tau} = \frac{c\tau}{2}\frac{1}{K\tau^2} = r_{dist}\frac{1}{K\tau^2} \quad (1.9)$$

Selon la relation (1.9), la compression d'impulsion permet de gagner en résolution un facteur de l'ordre de $\frac{1}{K\tau^2}$ pour une même largeur d'impulsion, $K\tau^2$ désignant le facteur de compression.

Au passage au discret, la fréquence d'échantillonnage F_e varie entre $f_c - \frac{K\tau}{2}$ et $f_c + \frac{K\tau}{2}$ et doit permettre une représentation non ambiguë du signal modulé en fréquence. Sa bande passante B est donc égale à $K\tau$. Et pour respecter le critère de

Shannon, on doit avoir $F_e > B$.

1.3.3 Résolution azimutale du RSO

Reconsidérons la relation (1.8) pour une cible placée à une distance D_c. Étant donné que $t_c = \frac{2D_c}{c}$, les variations de D_c influenceront le signal détecté $S_{t_c}(t)$ au voisinage de t_c :

$$S_{t_c}(t) \sim \exp\left(2j\pi f_c(t - t_c)\right) \cdot \frac{\sin \pi K\tau(t - t_c)}{\pi K\tau(t - t_c)} \quad (1.10)$$

Dans le terme exponentiel, la phase variera d'autant plus vite que f_c est grand. Le terme au sinus cardinal ne varie pas assez et peut être négligé. Le terme prépondérant est alors :

$$\check{S}_{t_c}(t) = \exp\left[2j\pi f_c\left(t - \frac{2D_c}{c}\right)\right] \quad (1.11)$$

Dans l'hypothèse qu'il n'y a pas de dépointage de l'antenne, en d'autres termes, que le radar émet dans une direction de visée Ox perpendiculaire à la trajectoire du porteur Oy (l'antenne étant placée à l'origine O), la distance D_c entre la cible et le radar, pour une position donnée y du radar, est équivalente à :

$$D_c = \sqrt{D_0^2 + y^2} \approx D_0 + \frac{y^2}{2D_0} \quad (1.12)$$

D_0 est la distance de la cible à l'axe Oy. Une reécriture de $\check{S}_{t_c}$ donne :

$$\check{S}_{t_c}(t) = \exp\left[2j\pi f_c\left(t - \frac{2D_0}{c}\right)\right] \cdot \exp\left[2j\pi \frac{f_c y^2}{D_0 c}\right] = G_t(t) \cdot G_y(t) \quad (1.13)$$

Dans cette équation, le terme en y, de phase $2\pi \frac{f_c y^2}{D_0 c}$ peut être considéré comme une modulation en fréquence centrée sur une fréquence spatiale zéro et de constante $\check{K} = 2\frac{f_c y^2}{D_0 c} = \frac{2}{D_0 \lambda_r}$. D'où :

$$\check{S}_{t_c}(t) = \exp\left[2j\pi f_c\left(t - \frac{2D_0}{c}\right)\right] \cdot \exp\left[2j\pi \frac{\check{K} y^2}{2}\right] \quad (1.14)$$

La résolution obtenue par filtrage adapté [107] conduit à la résolution azimutale $\delta_{azim} \approx \frac{L}{2}$ pour une antenne de dimension L. Si le porteur est animé d'un mouvement rectiligne et uniforme, de vitesse V_s ($y = V_s t$), dans la direction Oy, le terme en y de $\check{S}_{t_c}$ devient :

$$G_y(t) = \exp\left(2j\pi \frac{f_c y^2}{D_0 c}\right) = \exp\left(2j\pi \frac{f_c V_s^2 t^2}{D_0 c}\right) = \exp\left(2j\pi \Phi(t)\right) \quad (1.15)$$

avec :

$$\Phi(t) = \frac{f_c V_s^2 t^2}{D_0 c} \quad (1.16)$$

De cette relation, la fréquence instantanée F s'écrit :

$$F = \frac{1}{2\pi}\frac{d(2\pi\Phi)}{dt} = \frac{d\Phi}{dt} = \frac{2 f_c V_s^2}{D_0 c} t = \frac{2 V_s^2}{\lambda D_0} t \quad (1.17)$$

Or $\frac{V_s t}{D_0}$ est en fait un dépointage caractérisé par l'angle Θ. Ce qui conduit à :

$$F = \frac{2 f_c V_s}{c}\tan\Theta \approx \frac{2 f_c V_s}{c}\sin\Theta = F_d \quad (1.18)$$

Le décalage fréquentiel causé par le mouvement de l'émetteur par rapport à la cible est la fréquence Doppler F_d. Il s'identifie à la fréquence instantanée F. Si l'on procède à un changement de référentiel, on considére alors que l'objet visé se déplace à une vitesse V_s assimilable à la vitesse de la trace du vecteur par rapport à un repère fixe lié à la terre. Dans ce référentiel temporel, $t \in \left[-\frac{\tau}{2}, +\frac{\tau}{2}\right]$ et on peut écrire :

$$G_y(t) = \exp\left(2j\pi \frac{K t^2}{2}\right) \quad (1.19)$$

avec $K = \frac{f_c V_s^2}{D_0 c}$. D'où la résolution azimutale [107] :

$$\delta_{azim} = \frac{V_s}{K\tau} \quad (1.20)$$

$K\tau$ est la bande Doppler et τ la durée de l'acquisition. De même pour l'échantillonnage azimutal, les positions spatiales accessibles par le satellite dans sa trajectoire d'axe Oy doivent être régulières et correspondre à un nombre discret de points. Aussi, le déplacement de l'antenne entre deux acquisitions successives ne doit pas excéder la résolution théorique afin de permettre une représentation adéquate de la relation (1.13).

1.4 Notions physiques de la rétrodiffusion

La décomposition des processus physiques de la rétrodiffusion conduit à l'étude de la variation de la SER en fonction de quelques paramètres associés à l'acquisition de l'image RSO. La diffusion de surface est fonction des paramètres géométriques (angle d'incidence, rugosité) et diélectriques.

Selon [82], la rétrodiffusion est très élevée aux incidences faibles (10° - 20°) et elle dimunie progressivement aux incidences rasantes (60° et plus). Ce résultat a été validé pour diverses polarisations, sur des sols variés, avec des ondes électromagnétiques de longueurs d'ondes variées.

La rugosité d'une surface n'a pas la même signification selon qu'il s'agit d'un couvert végétal (rugosité liée à l'organisation des plantes dans l'espace), d'un sol nu (travaux culturaux), ou d'une surface d'eau libre (rugosité liée aux vagues de surface). Elle est habituellement exprimée par deux paramètres : l'écart type de la variation des irrégularités de la surface et une mesure de la dimension horizontale de la rugosité. Cette formulation de la rugosité est beaucoup utilisée pour les surfaces d'eau libre et de sols nus. Mais, elle pose quelques difficultés pour les couverts végétaux pour lesquels la hauteur et la répartition de la végétation, l'orientation et les dimensions des feuilles, entre autres, sont difficiles à appréhender. Les expériences de *King et al.* [82] indiquent que la rétrodiffusion décroit en général lorsque l'incidence augmente progressivement.

La constante diélectrique et la permittivité sont les deux paramètres qui caractérisent le comportement diélectrique d'un milieu [56]. Ils sont traduits par la permittivité ϵ et la perméabilité μ du milieu [107]. Une onde électromagnétique se propageant dans ce milieu est alors caractérisée en tout point et à chaque instant par les quatre grandeurs vectorielles (champ électrique $\vec{E}$, induction électrique $\vec{D}$, induction magnétique $\vec{B}$ et champ magnétique $\vec{H}$) telles que les équations de Maxwell soient vérifiées en l'absence de charges libres et de courants de conduction [75], et dans le cas stationnaire linéaire d'un milieu homogène et isotrope, tels que $\vec{D} = \epsilon\vec{E}$ et $\vec{B} = \mu\vec{H}$. Chacune des grandeurs vérifie alors l'équation d'onde à la vitesse de propagation v telle que $v = \frac{1}{\sqrt{\epsilon\mu}}$.

Ces deux propriétés diélectriques dépendent de la longueur d'onde utilisée, de la teneur en eau et des propriétés minéralogiques de la surface observée. Le rôle prédominant de l'humidité a tendance à anihiler l'influence des propriétés minéralogiques. D'après [82], la rétrodiffusion augmente avec l'humidité sur un sol griffé, à 1,5 GHz, quelque soit l'incidence de l'onde radar. Pour l'eau de mer, la constante diélectrique complexe peut être calculée par la théorie de *Debye* [30]. En raison de la forte constante diélectrique de cette eau, les propriétés de pénétration des hyperfréquences sont assez limitées. Ce constat confère encore plus de pouvoir à la rugosité observée. Cette dernière devient de ce fait le paramètre le plus influent sur la rétrodiffusion de la surface de la mer.

1.5 Images d'intensité/amplitude du RSO

Après le traitement RSO, les données peuvent se présenter sous la forme de deux principales catégories : les données monovue complexes appelé SLC (*Single Look Complex*) et les données image en amplitude.

Les données SLC sont le résultat des données brutes traitées en distance (compression d'impulsion) et en azimut (synthèse RSO), présentées sous la forme d'un tableau de *données complexes* $z = i + jq = Ae^{j\phi}$ dont l'amplitude A peut être visualisée et traitée comme une image. Néamoins, ces images sont très fortement entâchées par un phénomène de dispersion de la réflectivité radar moyenne, provenant du *speckle* (ou chatoiement), et les rendant presque inexploitables. Par ailleurs, l'intérêt de ces données est la possibilité de traiter l'information liée à la phase ϕ, ce qui est à la base de l'interférométrie radar.

En considérant une distribution gaussienne circulaire du *speckle* complètement développée [107], les parties *réelle* et *imaginaire* (i et q) sont distribuées (respectivement p_i et p_q) selon une loi gaussienne en fonction de la réflectivité radar R du pixel :

$$p_i(i/R) = \frac{1}{\sqrt{\pi R}} \exp\left(-\frac{i^2}{R}\right) \qquad (1.21)$$

$$p_q(q/R) = \frac{1}{\sqrt{\pi R}} \exp\left(-\frac{q^2}{R}\right) \qquad (1.22)$$

Les données image en amplitude ou PRI (PRecision Image), quant à elles, sont facilement exploitables. Elles sont proposées par les agences spatiales sous forme détectée après un filtrage azimutal et un sur-échantillonnage en distance. Par conséquent, le *speckle* y est considérablement atténué, la variation de la fauchée de l'angle d'incidence est prise en compte, et finalement le pixel y est carré et ramené à la géométrie de la surface observée. Les distributions marginales de variables radiométriques dérivées peuvent être déduites. L'*amplitude* rétrodiffusées $A = |z| = \sqrt{i^2 + q^2}$ fluctue autour de la réflectivité R. Elle est distribuée selon la loi de Rayleigh :

$$p_A(A/R) = \frac{2A}{R} \exp\left(-\frac{A^2}{R}\right) \qquad (1.23)$$

L'*intensité* $I = A^2 = i^2 + q^2$ est proportionnelle à la luminance ainsi qu'à la puissance rétrodiffusée du pixel. La probabilité correspondante du *speckle* est distribuée selon la loi de Laplace par :

$$p_I(I/R) = \frac{1}{R} \exp\left(-\frac{I}{R}\right) \qquad (1.24)$$

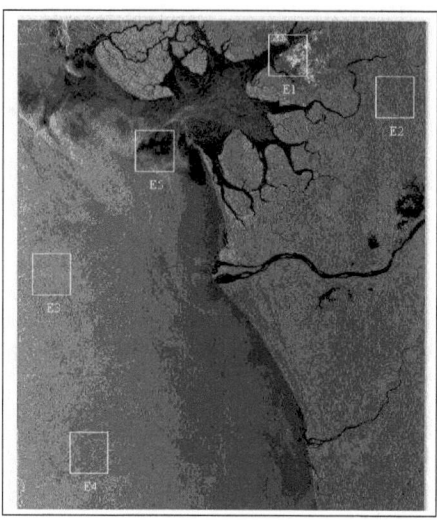

FIGURE 1.2 – Image d'amplitude RSO de l'étendue de la côte Camerounaise, avec moyennage de 2 vues, acquise par le satellite ERS-1 en 1994, de dimension 3860 × 4500 (Projet ESA - Appel d'offre Libreville F203).

L'analyse dans [107] des distributions (relations (1.23) et (1.24)) traduit la forte confusion radiométrique due au chatoiement et la difficulté de discriminer des surfaces sur la base de la valeur d'un seul pixel. Les propriétés récalcitrantes du *speckele* le font qualifier de bruit multiplicatif et statistiquement indépendant de l'image non bruitée [18, 21, 151]. Ce nom de bruit multiplicatif est fondé sur les distributions. Ce qui conduit à écrire l'amplitude et l'intensité en fonction des réalisations du *speckle* en amplitude Z_A et en intensité Z_I (respectivement distribuées selon des lois de Rayleigh et de Laplace de moyenne nulle) par $A = E(A) \cdot Z_A$ et $I = E(I) \cdot Z_I$. De cette analyse, il ressort que le *speckle* traduit l'organisation interne des diffuseurs de chaque pixel, et que l'information n'est pas facilement accessible avec une seule image. On est alors conduit à rechercher une distribution des données multivues scalaires.

La réduction du *speckle* par des traitements multivues est obtenue en découpant le spectre Doppler en L sous vues décorrélées. On admet alors et également que la distribution du bruit suit une loi *Gamma* [21, 151]. Les premiers moments (moyenne et variance) sont tels que $E(Z_I) = 1$ et $var(Z_I) = \frac{1}{L}$. L'estimation de la réflectivité par un filtre multivue est faite par l'estimateur du maximum de vraisemblance. Dans

1.5. IMAGES D'INTENSITÉ/AMPLITUDE DU RSO

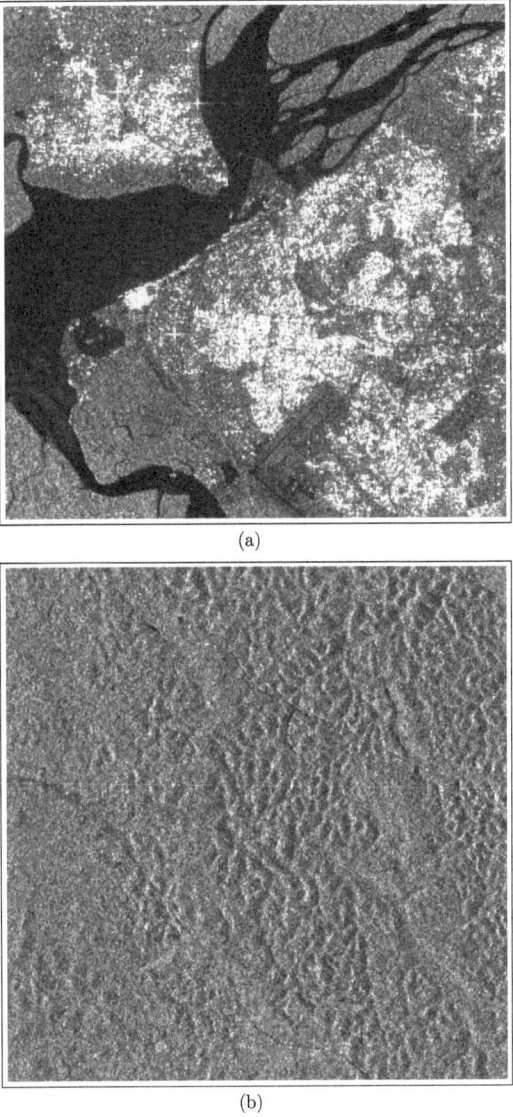

(a)

(b)

FIGURE 1.3 – Exemples de deux extraits (446 × 446 pixels) de la surface terrestre de l'image de la figure 1.2. *a (E1) : Zone urbaine de Douala. b (E2) : Zone forestière près de Douala en direction de Yaoundé. Ces deux extraits relativement agrandis mettent en évidence le chatoiement qui affecte le signal pour une acquisition terrestre*

le cas d'une seule vue, l'expression de la réflectivité est l'intensité au pixel considéré. Dans le cas multivues, cette réflectivité correspond à la moyenne arithmétique des intensités. Cette solution tend à atténuer le chatoiement sans le détruire complètement. Sa réduction est maximale et le coefficient de variation de la réflectivité estimée est divisée par $\sqrt{L}$. Un exemple d'image d'amplitude RSO de l'étendue de la côte Camerounaise est donné à la figure 1.2, deux extraits (E1 et E2) de la surface terrestre, notamment de la ville de Douala et de la forêt équatoriale à proximité de Douala, sont agrandis pour mettre en exergue le chatoiement qui affecte le signal (figure 1.3).

1.6 Conclusion

Nous venons d'étudier le processus d'acquisition d'images RSO d'une surface terrestre immobile. Les images obtenues sont le résultat du transfert d'énergie électromagnétique entre le capteur désigné et la surface observée. Elles prennent, entre autres, le format d'images d'intensité (et d'amplitude) RSO. Elles sont toujours munies de bruit de *speckle* issu des données complexes préalables, en dépit d'une acquisition multi-vues. Ce phénomène d'apparence granuleuse, bien que riche en information sur le capteur et la surface observée, rend difficile la résolution de certains problèmes de traitement d'image, notamment la détection d'objets de petites dimensions, la localisation de signatures faiblement contrastées par rapport à leur environnement, la détection des contours et la discrimination des surfaces. Par conséquent, toute utilisation des dites images peut nécessiter un filtrage préalable. Mais, étant donné que le chatoiement s'accompagne des informations qui peuvent s'avérer utiles, la réduction du chatoiement à appliquer aux images doit s'adapter à l'objectif recherché. Des filtres adaptés aux images RSO sont alors proposés [107].

Chapitre 2

Physique de l'imagerie radar à synthèse d'ouverture de la surface de la mer

2.1 Introduction

Dans le chapitre précédent, nous avons décrit l'observation RSO d'une surface terrestre sans aucun mouvement. Maintenant, nous abordons la même acquisition sur une surface mobile qu'est l'*océan* (ou la *mer*). L'étude du phénomène est désignée comme étant la *radarocéanographie* [107], et pour être plus précis, la *RSO océanographie*. Elle peut être définie comme étant l'étude de l'océanographie, qu'elle soit physique, biologique ou géophysique, par l'usage des radars à synthèse d'ouverture. L'océanographie, quant à elle, est simplement l'étude du milieu marin. Dans ce contexte, les travaux que nous présentons relèvent de l'océanographie physique.

Ainsi, ce chapitre est consacré aux principes fondamentaux de la RSO océanographie, c'est à dire l'étude des propriétés physiques des milieux en présence, celle de leurs mouvements, l'étude des échanges d'énergie entre océan et atmosphère assurant un couplage entre les deux milieux, et l'étude de l'interaction électromagnétique entre le capteur RSO et la surface résultante en mouvement. Il y est question d'identifier la plupart des phénomènes physiques susceptibles de se produire à la surface étudiée et de laisser des empreintes particulières dans les images. Il s'agit ensuite de considérer l'eau de mer comme un fluide géophysique et d'en déduire une description de la surface de la mer du point de vue de la dynamique des fluides géophysiques. Elle est alors le résultat d'une superposition d'ondes dont l'analyse par la théorie linéaire de la propagation et les travaux de *Lamb* [88] regroupent dans différentes classes. Pour modéliser cette surface, l'équation de la conservation de la quantité de mouvement issue de la théorie d'interaction hydrodynamique faible est utilisée. Elle conduit à un modèle de surface des perturbations dues à l'action combinée du vent, des interactions vague-vague non linéaires et des mécanismes de dissipation. Les mécanismes de transfert d'énergie des vagues de surface vers le radar sont prises en compte dans la réflexion de l'onde électromagnétique à la surface de la mer. Puis, le phénomène résonnant de rétrodiffusion de Bragg dévoile le spectre RSO. La formation des images résultant est alors soumis à trois principaux mécanismes : la distortion de balayage, la modulation hydrodynamique et la modulation d'inclinaison. Le spectre RSO final est linéairement déduit de celui de la mer et des fonctions de transfert issues de chacun des mécanismes cités.

2.2 Phénomènes observables à la surface de l'océan

L'état physique de la surface des océans est le résultat de l'interaction dynamique entre trois sources : l'océan, l'atmosphère et l'homme. Les phénomènes océaniques et atmosphériques sont éssentiellement naturels, donc pas n'ecessairement dépendants de l'homme, ce qui n'est pas le cas des phénomènes dits *terrestres* qui sont dus aux besoins socio-économiques des humains. En outre, plusieurs d'entre eux sont visibles dans les images RSO grâce aux effets provoqués à la surface de l'eau. Un extrait E5 (figure 2.1) de l'image d'amplitude RSO de la côte Camerounaise (figure 1.2) détecte un phénomène inconnu qui provoque sur l'image une réduction de l'énergie rétrodiffusée par la surface de l'océan. Celà se traduit par une tâche noire qu'il serait intéressant d'identifier parmi les trois classes définies.

Dans la classe des phénomènes océaniques, on peut citer les ondes internes, les tourbillons, la topographie sous-marine, les fronts océaniques et les nappes naturelles. Les ondes internes sont générées [125] soit par un flux sur une topographie hachée, soit par l'influence de grandes vagues de surface, soit par une distribution irrégulière de la tension de surface, ou alors par un couplage résonant entre les modes de l'onde interne et les distributions de pression atmosphérique. Ce sont des phénomènes non-linéaires modélisables par les équations d'Euler [89, 105] et de Korteweg-deVries [63]. Elles génèrent des gradients de courant de surface (zones de convergence et de divergence) qui modulent le spectre de petites vagues, et donc l'information reçue par le radar, ce qui les rend visibles dans les images RSO. À moins de 50 mètres, la topographie est visible sur les images RSO. Le relief sous-marin module le courant qui, dans son déplacement, transmet une partie de son énergie aux vagues en surface qui, en dernier ressort, réflechissent les ondes électromagnétiques vers le radar. La modélisation de l'interaction entre le fond sous-marin et le courant en zone côtière est attribuée à l'équation de continuité. Un exemple est présenté dans [74]. Les tourbillons, quant à eux, sont provoqués par un ensemble de facteurs, à l'exemple des échanges de masses d'eau dans les régions des détroits, des instabilités au niveau des fronts de courants océaniques, des vents influencés par une topographie particulière,

2.2. PHÉNOMÈNES OBSERVABLES À LA SURFACE DE L'OCÉAN

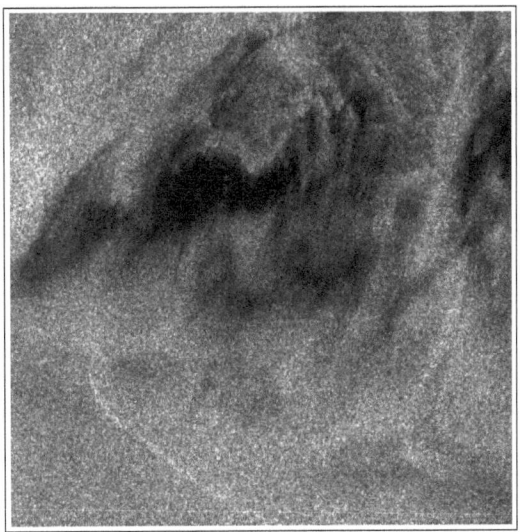

FIGURE 2.1 – Exemple d'extrait E5 agrandi (446 × 446 pixels) de l'image de la figure 1.2 traduisant un phénomène inconnu observé à la surface de l'océan atlantique

des changements brusques de la vitesse du vent. Néamoins, l'étude de ces turbulences reste complexe. *Liu et al.* [99] en présente un exemple de modèle de courant mis en forme par un tourbillon. Les nappes naturelles sont d'origine biologique. Elles sont formées par un processus de photo-oxydation ou de décomposition bactérienne, sous la forme de rejets de poissons, de planctons ou des restes du plancher océanique.

Les phénomènes atmosphériques sont dans la grande majorité gouvernés par le vent qui, en fonction de la stabilité physico-chimique de l'interface air-eau, ajuste la tension à la surface de la mer. Par conséquent, et par analogie aux courants de surface, la variation de la tension de vent entraine la modulation des petites vagues, et donc de l'onde rétrodiffusée. Ces phénomènes sont nommés des ondes atmosphériques. On distingue également les phénomènes climatiques tels que les cellules de pluie et de neige dont les impacts atténuent localement les petites vagues de surface dans les images RSO.

Les phénomènes dits *terrestres* sont d'ordre socio-économique et, par conséquent, ont pris naissance grâce malheureusement aux exigences établies par la survie de l'espèce humaine. Les déchets ménagers, en premier exemple, sont des résidus issus des activités humaines (agricoles, forestières et de consommation), ils sont drainées par les eaux de pluie des surfaces terrestres vers les océans. Les structures industrielles fixes (plate-formes) ou mobiles (bateaux) qui envahissent les océans apparaissent comme des tâches blanches dans les images RSO. Diverses approches sont utilisées en vue de leur détection. Un intéressant article de *Greidanus et al.* en présente, évalue et compare huit systèmes opérationnels différents de détection des bateaux [60]. En général, ces derniers sillonnent les eaux en y laissant des empreintes fonctionnelles appelées des *sillages*. Il en existe différents types [118]. Une étude intéressante du modèle de sillage de Kelvin utilisé dans la simulation d'images de sillages de bateaux est disponible dans la littérature [119]. De plus en plus, les structures manufacturées laissent également à leur passage des empreintes dites de pollution chimique. Il s'agit là des déversements volontaires ou non des déchets de consommables des bateaux, notammant des huiles et des nappes d'hydrocarbures. Une revue de la littérature en sera faite aux chapitres 3 et 4.

2.3 Description géophysique de la surface des océans

La surface des océans est considérée comme étant essentiellement constituée d'une superposition d'oscillations - nommées des vagues - émanant de l'interaction dynamique mer-atmosphère. D'après Berkeley [9], une onde est un phénomène capable de transporter de l'énergie sans transporter de la matière. Cette définition est focalisée sur deux mots clés : propagation et énergie. La propagation est basée sur un

2.3. DESCRIPTION GÉOPHYSIQUE DE LA SURFACE DES OCÉANS

mécanisme de rappel élastique vers la position d'équilibre. En dynamique des fluides géophysiques, ce rappel peut prendre l'aspect soit d'une force de gravité combinée à la poussée d'Archimède, soit d'une force issue du gradient de vorticité potentielle ambiant.

Dans le premier cas, la position d'équilibre est établie grâce au principe de flottement des eaux légères sur des eaux denses. Les écarts à cette position d'équilibre créent des tensions à la surface et génèrent les ondes de gravité apparaissant à l'interface air-eau, nommées ondes courtes. Le vent en est le vecteur principal.

Dans le deuxième cas, l'équilibre géostrophique est établi par le concours de la force de Coriolis sous l'action de la rotation de la terre. Les phénomènes qui en découlent sont les ondes longues, notamment les ondes de marée, les raz-de-marées (Tsunami), les produits des fluctuation de la pression atmosphérique. Les raz-de-marrées par exemple sont essentiellement provoqués par des glissements de terrain sous-marins consécutifs à des tremblements de terre qui crée une dépression de la surface océanique.

Toutes ces vagues sont entretenues par la gravité, elles sont dissipées par les mêmes phénomènes, mais leur génération est différente. La séparation entre les deux classes d'ondes est justifiée par la très grande différence des échelles de temps et d'espace. Pour les scientifiques, les vagues observées à la surface des océans sont des ondes de gravité de surface. Ce sont des oscillations issues de l'interface air-eau et maintenues par un échange entre l'énergie cinétique et l'énergie potentielle. Elles sont caractérisées par des longueurs d'onde allant de un millimètre à des centaines de mètres, conduisant à la division du spectre en trois groupes majeurs [41] : les grandes (plus de 100 mètres de longueur d'onde), les moyennes (entre une dizaine et une centaine de mètres) et les petites vagues (moins de 10 mètres).

On distingue ainsi les grands courants océaniques, les courants de marrée, les courants accompagnant les vagues, la houle, et les courants de turbulence. Ils agissent sur le milieu marin sous la forme de quatre forces : les forces internes issues de l'énergie thermique influencent les caractéristiques du milieu, notamment la salinité, la température, la pression, la densité de l'eau et l'indice de réfraction ; les forces dites externes entraînent l'apparition de l'énergie mécanique du vent sur la surface marine ; la force centrifuge composée (ou force de Coriolis) est due à la rotation de la terre ; les forces de frottement internes (ou forces de viscosité) s'opposent aux gradients de vitesses dans le milieu. Pour plus d'informations, une étude théorique détaillée de ces forces et de leurs incidences, à l'exception des celles génératrices de la marée (négligeables à l'échelle de la surface considéréree), est faite dans [87].

Le résultat de l'interaction entre tous ces phénomènes est une surface munie d'ondes irrégulières et complexes, de hauteurs différentes, et se propageant dans des directions différentes. Pour scientifiquement décrire ce vacarme physique, on considère que toutes les oscillations sont régulières et superposables de manière linéaire les unes sur les autres. Il devient alors possible de l'étudier en utilisant la théorie linéaire de la propagation [17]. Les solutions des dites vagues se présentent alors sous la forme d'une somme infinie et continue de vagues élémentaires et indépendantes. Le spectre de la surface de la mer peut être divisé en différentes échelles. La hauteur de la surface par rapport à un plan de référence est exprimée par :

$$h(x,t) = \int_{-\infty}^{+\infty} \zeta(\kappa)e^{j\varphi(\kappa)}e^{j(\kappa x - \omega t)}d\kappa \qquad (2.1)$$

x est un vecteur position à deux dimensions, $\zeta(\kappa)$ est la Transformée de Fourier de $h(x,t)$. Si nous notons $\varrho_o(X,t)$ la fonction de covariance des déplacements de la surface d'un point (x,t) vers un second point $(x+X, t+t_o)$, le spectre de vagues est la Transformée de Fourier donnée par :

$$\Psi(\kappa,\omega) = (2\pi)^2 \iint \varrho_o(X,t)e^{-j(\kappa x - \omega t)}d\kappa d\omega \qquad (2.2)$$

κ est le nombre d'onde, ω la fréquence satisfaisant à la relation de dispersion :

$$\omega = \Omega(\kappa) \qquad (2.3)$$

Les spectres réduits sont obtenus à partir de cette expression par intégration sur κ et sur ω. D'où le spectre de fréquence :

$$\Omega(\omega) = \int \Psi(\kappa,\omega)d\kappa \qquad (2.4)$$

et le spectre des nombres d'onde :

$$\Psi(\kappa) = \int \Psi(\kappa,\omega)d\omega \qquad (2.5)$$

Selon [130], la résolution de l'équation de propagation d'ondes conduit à la division des vagues du spectre de mer en plusieurs classes dépendantes de leurs périodes ou de leurs fréquences (tableau 2.1). Deux régimes de variation du nombre d'onde de la surface de la mer sont importants pour les études radar : le régime des ondes de gravité et celui des ondes capillaires. Entre ces deux derniers, se situent les ultravagues qui sont les principaux responsables des phénomènes de rétrodiffusion dus à la **résonnance de Bragg** et observés à la surface de la mer.

Sur la base des études des rides capillaires, de l'effet de la tension superficielle, de la superposition de la tension superficielle et de la gravité, études menées par *Lamb* [88] et décrites dans [116] et [87], les vagues de surface ont été classées en trois sous

2.3. DESCRIPTION GÉOPHYSIQUE DE LA SURFACE DES OCÉANS

N^o	Types d'ondes	Bandes de périodes (s)	Bandes de fréquences (s^{-1})
1	Ondes de marée	$8,64 \cdot 10^4$ à ∞	$1,16 \cdot 10^{-5}$ à 0
2	Ondes longues	$3 \cdot 10^2$ à $8,64 \cdot 10^4$	$3,33 \cdot 10^{-3}$ à $1,16 \cdot 10^{-5}$
3	Infra-vagues	$3 \cdot 10^1$ à $3 \cdot 10^2$	$3,33 \cdot 10^{-2}$ à $3,33 \cdot 10^{-3}$
4	Ondes de gravité	$1 \cdot 10^0$ à $3 \cdot 10^1$	$1 \cdot 10^0$ à $3,33 \cdot 10^{-2}$
5	Ultra-vagues	$1 \cdot 10^{-1}$ à $1 \cdot 10^0$	$1 \cdot 10^1$ à $1 \cdot 10^0$
6	Ondes capillaires	0 à $1 \cdot 10^{-1}$	∞ à $1 \cdot 10^1$

TABLE 2.1 – Classification des ondes de l'océan par leurs périodes ou leurs fréquences (selon [130])

groupes. Celles présentant des rides de capillaires sont de longueur d'onde $\lambda < \frac{1}{3}\lambda_m$ et repondent à l'équation de dispersion :

$$\Omega(\kappa) = \frac{\tau_s}{\rho}\kappa^3 \qquad (2.6)$$

Les vagues de gravité de l'ongueur d'onde $\lambda > 3\lambda_m$ sont caractérisées par :

$$\Omega(\kappa) = g\kappa \qquad (2.7)$$

Et les vagues intermédiaires sont dites de gravité-capillarité de longueur λ tel que $\frac{1}{3}\lambda_m < \lambda < 3\lambda_m$ et repondent à la relation :

$$\Omega(\kappa) = g\kappa + \frac{\tau_s}{\rho}\kappa^3 \qquad (2.8)$$

λ_m ($1,73\,cm$) est la longueur d'onde critique correspondant à la vitesse minimum de vagues c_m ($23,2\,cm/s$) se propageant sous l'effet de la capillarité et de la gravité, ρ ($1025\,kg/m^3$) est la densité de l'eau, et τ_s ($0,078\,N/m$) la tension superficielle à la surface, g ($9,81\,m/s^2$) est l'accélération de la pesanteur. Les phénomènes de rétrodiffusion sont dus à la dernière classe de vagues, et par modulation, les vagues de gravité sont observées par le RSO.

En resumé, la formation des vagues est le plus issue de l'énergie cinétique due au vent. Les vagues de capillarité sont ainsi générées, puis transmettent progressivement et de proche en proche aux plus grandes vagues, jusqu'à la formation de très grandes vagues, en passant par les intermédiaires. Ainsi, le spectre de la mer est constitué. Les vagues ainsi observées sont des ondes entretenues et modulées par des courants marins issus de phénomènes océaniques divers, d'échelles différentes, tels que la houle, les ondes internes, la bathymétrie, la topographie sous-marine, ou encore les tourbillons.

2.4 Modélisation de la surface de l'océan

La modélisation de l'effet des plus grands courants sur les petites vagues sensibles au radar est basée sur l'équation de la conservation de la quantité de mouvement. Cette équation différentielle émane de la théorie d'interaction hydrodynamique faible [17, 106] établie sur la base d'un champ de courant de surface à variation lente dans le temps et dans l'espace. L'énergie E d'un paquet d'ondes se déplaçant dans ce champ est modélisée par l'équation :

$$\frac{\partial}{\partial t}\left(\frac{E}{\omega}\right) + (U + C_g) \cdot \nabla\left(\frac{E}{\omega}\right) + \left[\nabla \cdot (U + C_g)\right]\left(\frac{E}{\omega}\right) = 0 \qquad (2.9)$$

U est le courant de surface. C_g est la vitesse de groupe du paquet d'ondes se propageant à travers le fluide :

$$C_g = \frac{\partial \omega}{\partial \kappa_x}\widehat{i} + \frac{\partial \omega}{\partial \kappa_y}\widehat{j} \qquad (2.10)$$

ω est la pulsation intrinsèque dépendant des propriétés du fluide et du nombre d'onde κ ($\kappa^2 = \kappa_x^2 + \kappa_y^2$), k_x et k_y sont les composantes du vecteur d'onde selon les directions orthogonale désignées par les vecteurs unitaires $\widehat{i}$ et $\widehat{j}$. Dans les conditions d'absence de flux d'énergie dans le système, c'est à dire en l'absence du vent ou de toute autre source d'énergie, l'action des vagues désignée par le rapport $\frac{E}{\omega}$ se conserve dans un champ de courant variable, ce qui n'est pas le cas de l'énergie E. Soit $N(\kappa, x, t)$ la densité spectrale du paquet d'ondes exprimée en fonction du spectre d'élévation de la mer $\Psi(\kappa, x, t)$ (voir les modèles de spectre dans [94]) :

$$N(\kappa, x, t) = \rho \frac{\omega}{|\kappa|}\Psi(\kappa, x, t) \qquad (2.11)$$

x est le vecteur position dans le plan horizontal et t la variable temporelle. La loi de la conservation de l'action est convertie en une équation d'action de la densité spectrale du paquet d'ondes N. Soit [125] :

$$\frac{\partial N}{\partial t} + (U + C_g) \cdot \nabla N = 0 \qquad (2.12)$$

L'équation de l'action devient alors :

$$\frac{dN}{dt} = \left(\frac{\partial}{\partial t} + \frac{dx}{dt}\frac{\partial}{\partial x} + \frac{d\kappa}{dt}\frac{\partial}{\partial \kappa}\right)N = 0 \qquad (2.13)$$

Et les expressions de la position x, et du vecteur d'onde κ par rapport au temps t sont exprimées par :

$$\frac{dx}{dt} = \frac{\partial \omega_0}{\partial \kappa} = C_g(\kappa) + U(x) \qquad (2.14)$$

2.4. MODÉLISATION DE LA SURFACE DE L'OCÉAN

et
$$\frac{d\kappa}{dt} = -\frac{\partial \omega_0}{\partial x} = -\left(\kappa \frac{\partial}{\partial x}\right) U(x) \quad (2.15)$$

où la pulsation apparente du paquet d'ondes ω_0 est exprimée par :

$$\omega_0 = \omega + \kappa \cdot U(x) \quad (2.16)$$

Lorsque les conditions d'absence de flux d'énergie ne sont pas remplies (ce qui est le cas pour les vagues courtes recevant de l'énergie du vent) et en perdant une partie par dissipation, la dérivée de la densité spectrale d'action est équivalente à une fonction source $Q(\kappa, x, t)$.

$$\frac{dN(\kappa, x, t)}{dt} = \left(\frac{\partial}{\partial t} + \frac{dx}{dt}\frac{\partial}{\partial x} + \frac{d\kappa}{dt}\frac{\partial}{\partial \kappa}\right) N(\kappa, x, t) = Q(\kappa, x, t) \quad (2.17)$$

Cette dernière modélise les perturbations dues à l'action combinée du vent, des interactions vague-vague non linéaires et des mécanismes de dissipation moléculaires et turbulentes. Par conséquent, une variation du nombre d'onde induit un ajustement de la surface caractérisée par son spectre de vague à l'équilibre $\Psi_0(\kappa, x, t)$, celui-ci correspondant au spectre d'action à l'équilibre $N_0(\kappa, x, t)$. Les perturbations décrites étant très complexes, les fonctions source restent difficiles à formuler. Deux expressions sont par ailleurs proposées respectivement dans [2] et dans [66] :

$$Q(\kappa, x, t) = -\beta(N(\kappa, x, t) - N_0(\kappa)) \quad (2.18)$$

et
$$Q(\kappa, x, t) = -\beta \frac{N(\kappa, x, t)}{N_0(\kappa)} (N(\kappa, x, t) - N_0(\kappa)) \quad (2.19)$$

β est le taux de relaxation (ou de croissance) du vent. Il est respectivement formulé dans [126] et [66] :

$$\beta = M \cos \varphi \left(\frac{u_*}{c_p}\right)^2 \omega \quad (2.20)$$

où $M = 4 \cdot 10^{-2}$, u_* est la vitesse de friction, φ l'angle entre la direction du vent et la direction de propagation des vagues.

$$\beta = \omega \frac{u_* \cos \varphi}{c_p} \left(0.01 + 0.016 \frac{u_* |\cos \varphi|}{c_p}\right) \left(1 - e^{-8.9\left(\frac{u_*}{c_p} - 0.03\right)^{\frac{1}{2}}}\right) \quad (2.21)$$

où c_p est la vitesse de phase.

Le transfert d'énergie entre les courants marins et les vagues de la surface de la mer a été modélisé par l'équation de conservation de l'action. Il conduit à la division du spectre de mer en différentes échelles. L'acquisition des images RSO de cette même surface est le résultat d'un second phénomène de transfert d'énergie des vagues vers le radar. Les modèles de rétrodiffusion attachés à ce dernier transfert sont nombreux. Les premiers modèles mis en œuvre sont à une échelle, ensuite sont apparus les modèles à deux échelles, puis les modèles à trois échelles, et enfin ceux à plus de trois échelles. Une présentation partielle des dits modèles est faite dans [74]. De tous ces derniers, le modèle de Bragg reste un modèle de référence à deux échelles pouvant décrire l'image des vagues longues. C'est la raison pour laquelle nous y revenons pour expliquer le phénomène de réflexion d'une onde électromagnétique à la surface de la mer.

2.5 Réflexion d'une onde électromagnétique à la surface de la mer

Le RSO, qu'il soit *aéroporté* ou *satellitaire*, est un radar d'imagerie à visée latérale. Dans son mouvement supposé rectiligne et entraîné par le vecteur, il illumine une partie angulaire de la surface de la mer par des séquences d'impulsions électromagnétiques, à intervalles réguliers et rapprochés, de longueur d'onde λ_r.

La surface observée s'imprègne du signal. Une première partie de l'énergie est absorbée, une deuxième partie transmise et une troisième réfléchie par la cible. Cette diffusion de l'onde électromagnétique à la surface de l'océan dépend de sa rugosité à l'instant de l'acquisition. Dans le cas où la surface est lisse, l'onde est réfléchie spéculairement. Si par contre celle-ci est rugueuse, une partie conséquente de son énergie est réfléchie vers le radar, et celui-ci passe en réception. Le signal rétrodiffusé devient porteur des caractéristiques physiques de la surface observée. L'énergie associée à ce signal est donnée par sa section efficace radar SER [1]. Pour une cible diffuse, telle la surface de la mer, le coefficient de rétrodiffusion σ_0 est défini comme la SER moyenne normalisée. Pour en faire une estimation, on considère le théorème de réciprocité de Lorentz [74, 93, 117] pour deux ondes monochromatiques ayant la même longueur d'onde :

$$\nabla(E_1 \wedge H_2 - E_2 \wedge H_1) = 0 \qquad (2.22)$$

En appliquant le théorème de Gauss sur une surface fermée S_f entourant la surface de diffraction, on a :

$$\int_S (E_1 \wedge H_2 - E_2 \wedge H_1) \cdot n dS_f = 0 \qquad (2.23)$$

---
1. Région projetée d'une sphère métallique qui retourne le même signal écho que la cible.

2.5. RÉFLEXION D'UNE ONDE ÉLECTROMAGNÉTIQUE

En considérant que la zone illuminée par l'onde est comprise en abscisse entre $-l_x/2$ et $l_x/2$, en ordonnée entre $-l_y/2$ et $l_y/2$, en supposant qu'une surface fermée englobe la surface réfractive, et en appliquant le théorème de Gauss ci-dessus, Wright [158, 159] déduit les expressions (selon les polarisations VV et HH) de la section rétrodiffusée suivantes :

$$\sigma_0^{vv} = \frac{4\kappa^4}{\pi} \left| \int_{-l_x/2}^{l_x/2} \int_{-l_y/2}^{l_y/2} \left[D(x,y) R_v \sin^2(\theta_0) - \frac{\partial D(x,y)}{\partial y} \frac{1 - \epsilon_0/\epsilon}{2j\kappa} \cos(\theta_0) \right] e^{2j\kappa y \cos(\theta_0)} dx\, dy \right|^2 \tag{2.24}$$

$$\sigma_0^{hh} = \frac{4\kappa^4}{\pi} \left| \int_{-l_x/2}^{l_x/2} \int_{-l_y/2}^{l_y/2} R_h \sin^2(\theta_0) e^{2j\kappa y \cos(\theta_0)} dx\, dy \right|^2 \tag{2.25}$$

θ_0 est l'angle d'incidence du radar, $D(x, y)$ est la hauteur de la surface de la mer, κ est le nombre d'onde, ϵ/ϵ_0 désigne la permittivité relative. En intégrant par partie l'équation (2.24) et en négligeant les termes finis, on aboutit à une expression unique de la section telle que :

$$\sigma_0 = \frac{4\kappa^4}{\pi} \left| g(\theta_0) \int_{-l_x/2}^{l_x/2} \int_{-l_y/2}^{l_y/2} \gamma e^{2j\kappa y \cos(\theta_0)} dx\, dy \right|^2 \tag{2.26}$$

avec $g_{vv}(\theta_0) = R_v \sin^2(\theta_0) + \frac{1}{2} T_v^2 (1 - \frac{\epsilon_0}{\epsilon \cos^2(\theta_0)})$ et $g_{hh}(\theta_0) = R_h \sin(\theta_0)$. T_v et R_v sont les coefficients de Fresnel de la réfraction-réflexion d'une surface plane d'un même diélectrique. En introduisant le spectre de $D(x, y)$, la relation précédente devient :

$$\sigma_0 = \frac{4\kappa^4}{\pi} |g(\theta_0)|^2 \Psi\big(0, 2\kappa \sin(\theta_0)\big) \tag{2.27}$$

Pour calculer σ_0, il est très souvent admis que le spectre $\Psi\big(0, 2\kappa \sin(\theta_0)\big)$ suit une loi d'équilibre de Philipps telle que :

$$\Psi(\kappa) = \frac{1,17}{2} \cdot 10^{-2} \cdot \kappa^{-4} \tag{2.28}$$

L'on constate que la section de rétrodiffusion normalisée est proportionnelle au spectre de la surface. Cette proportionnalité traduit le **phénomène résonnant de rétrodiffusion de Bragg**, de longueur d'onde de Bragg λ_B telle que :

$$\lambda_B = 0, 2\kappa \sin(\theta_0) \tag{2.29}$$

La rétrodiffusion du RSO est due à la composante du spectre d'onde qui résonne avec la longueur d'onde du radar. Pour des ondes de surface munies de crêtes décallées d'un angle ϕ par rapport à la ligne de visée du radar (figure 2.2), l'équation de Bragg s'écrit [130] :

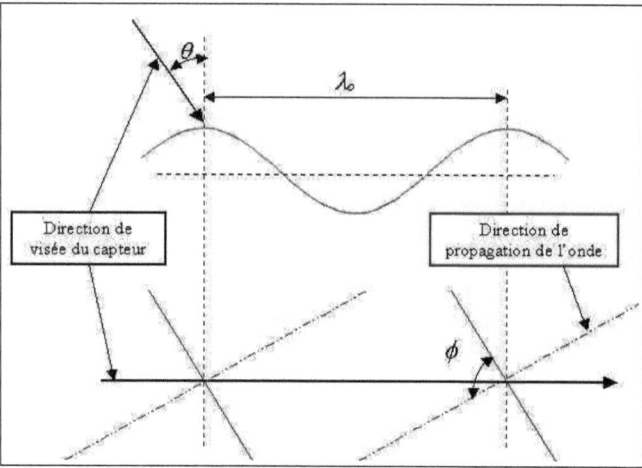

FIGURE 2.2 – Schéma explicatif de la relation de la résonance de Bragg en fonction de la direction de propagation des ondes de Bragg par rapport à la direction de visée du RSO (inspiré de [130])

$$\lambda_o = \frac{\lambda_r \sin \phi}{2 \sin \theta} \tag{2.30}$$

où θ est l'angle d'incidence local, λ_r la longueur d'onde du RSO, λ_o la longueur d'onde des vagues de surface.

2.6 Formation de l'image RSO de la surface de la mer

2.6.1 Spectre de l'image RSO

Le spectre de l'image RSO est composé de trois parties inhérentes aux mécanismes de la formation des images RSO. La première est la *distorsion de balayage*, liée à la progression de la mer durant la construction de l'image par bandes successives, et provoquant ainsi une rotation du spectre. La deuxième est la *modulation hydrodynamique*, liée à la variation locale du spectre des petites vagues sous l'effet des plus grandes vagues. La troisième est la *modulation d'inclinaison*, due à la variation de l'angle entre la normale à la surface et le vecteur d'onde incident toujours

2.6. FORMATION DE L'IMAGE RSO DE LA SURFACE DE LA MER

sous l'effet des grandes vagues. Le spectre s'obtient alors par :

$$S_{RSO}(\kappa) = |T^{RSO}(\kappa)|^2 S_{mer}(\kappa) \qquad (2.31)$$

T^{RSO} étant la fonction de transfert du RSO, S_{mer} le spectre de la mer. Avec :

$$T^{RSO}(\kappa) = T^{dist}(\kappa) + T^{hydr}(\kappa) + T^{incl}(\kappa) \qquad (2.32)$$

T^{dist}, T^{hydr} et T^{incl} sont respectivement les fonctions de transfert de la distorsion de balayage, de la modulation hydrodynamique et de la modulation d'inclinaison.

2.6.2 Distorsion de balayage

Le principe des radars imageurs est basé sur la référence à une cible sans mouvement qui est détectée pendant une durée précise de passage du satellite au dessus de la cible. Dans le contexte qui est le notre, la cible est un ensemble de vaguelettes à la surface de la mer dont le déplacement provoque une variation de la phase par rapport à celle attendue. Par conséquent, l'intensité du signal rétrodiffusé subit un déphasage spatial dans l'image. Ce phénomène est une distorsion de balayage due à la progression de la mer durant la construction de l'image par bandes successives. Elle provoque une rotation du spectre et par conséquent, le mécanisme de la formation de l'image RSO s'accompagne d'un déplacement azimutal $d(x)$ tel que [53] :

$$d(x) = \frac{R}{V_s} u_R(x) \qquad (2.33)$$

u_R est la vitesse des vaguelettes dans la direction radiale par rapport au satellite, R la distance entre le RSO et les vaguelettes, et V_s la vitesse du satellite. A titre d'exemple, une vitesse radiale de $1\,m/s$ implique un déplacement de $15\,m$, c'est-à-dire de cinq à six pixels. Ce mécanisme s'applique à tous les points de l'image, dans une direction ou dans l'autre, en fonction du signe de la vitesse radiale.

La composante azimutale u_A de la vitesse de déplacement des vagues introduit également des valeurs érronées dans l'estimation de l'historique de phase. Celà provoque soit un étirement, soit une contraction des pixels, donc une dégradation de la résolution azimutale et une réduction du contraste dans l'image qui apparait floue et grannuleuse. Ce phénomène est nommée la défocalisation azimutale. Une refocalisation peut être envisagée avec le processus de synthèse d'ouverture.

Il faut remarqué que la distorsion de l'image RSO, ainsi que le flou azimutal croissent avec la vitesse radiale. Aussi, plus l'élévation de la surface de la mer est prononcée, plus la vitesse est importante. Par conséquent, le niveau de l'agitation de

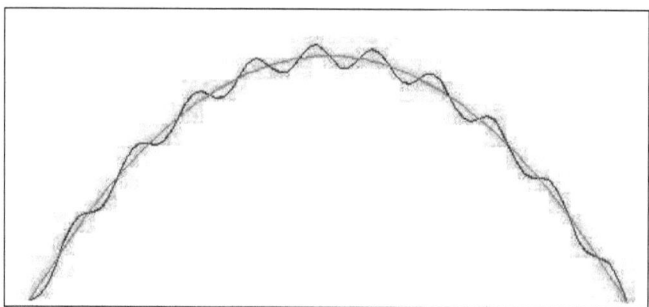

FIGURE 2.3 – Modulation d'une petite vague par une grande onde à la surface de l'océan

l'eau à la surface de la mer peut renseigner sur l'ampleur des phénomènes décrits.

À partir de l'expression du spectre RSO donnée dans [85], il est établit, dans les conditions où le nombre d'onde est petit et les vitesses de déplacement des vagues sont faibles pour que l'exponentielle soit approchable par un polynôme, que l'expression de la fonction de transfert de la distorsion de balayage $T^{dist}(\kappa)$ correspond à [107] :

$$T^{dist}(\kappa) = -\frac{R}{V_s}\kappa_x\sqrt{g\kappa}\Big(\cos(\theta) - j\frac{\kappa_y}{\kappa}\sin(\theta)\Big) \qquad (2.34)$$

Suite à la linéarisation de l'exponentielle, la relation (2.31) établissant une dépendance entre le spectre de l'image RSO et le spectre de mer est dite une *approximation quasi-linéaire du spectre de l'image RSO*.

2.6.3 Modulation hydrodynamique

Selon le modèle à deux échelles [159], la rétrodiffusion est due aux petites vagues modulées par les grandes vagues. Pour illustration, la figure 2.3 témoigne de la modulation d'une petite vague par une autre plus longue. Les variations locales du spectre des petites vagues [125] sont dues à l'accélération et à la vitesse locale des grandes vagues. Par conséquent, le spectre des petites vagues n'est homogène ni dans le temps ni dans l'espace. Aussi, le déplacement azimutal du diffuseur entraîne une perte de l'information et rend délicat la détection des vagues se propageant dans la direction azimutale.

Le spectre de *Phillips* pour les petites vagues est celui d'un régime d'équilibre,

2.6. FORMATION DE L'IMAGE RSO DE LA SURFACE DE LA MER

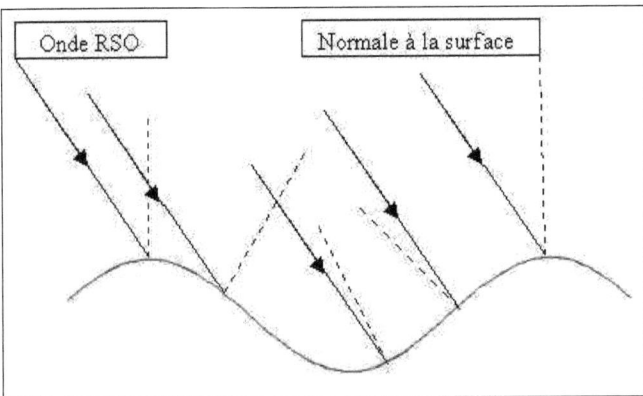

FIGURE 2.4 – Illustration de la modulation d'inclinaison sur une onde à la surface de l'océan : *variation spatiale de l'angle d'incidence*

c'est à dire un régime sans la modulation des grandes vagues. L'expression générique de la radiation de la quantité de mouvement associée aux petites vagues est exploitée sous diverses hypothèses. En considérant que l'onde électromagnétique est orientée suivant l'axe y, que le spectre des petites vagues de surface suit la loi de Phillips (relation (2.28)) et que les dites vagues sont des ondes de gravité-capillarité (relation (2.26)), l'expression de la fonction de transfert de modulation prend la forme [74] :

$$T^{hydr}(\vec{\kappa}) = -\kappa\vec{\omega}\left(4 + \gamma(\tilde{\vec{\kappa}})\right)\left(\frac{\kappa_y^2}{\kappa^2}\right)\frac{\tilde{\omega} - j\tau_r}{\tilde{\omega}^2 + \tau_r^2} \qquad (2.35)$$

Avec :

$$\gamma(\tilde{\vec{\kappa}}) = \frac{1}{2}\frac{1 + 3\frac{\tau}{\rho g}\tilde{\kappa}^2}{1 + \frac{\tau}{\rho g}\tilde{\kappa}^2} \qquad (2.36)$$

$\tilde{\omega}$ est la pulsation intrinsèque des petites vagues, $\tilde{\vec{\kappa}}$ le nombre d'onde correspondant, et τ_r le temps de relaxation caractéristique. En d'autres termes, $\tilde{\omega}$ est la pulsation des petites vagues dans le référentiel lié aux grandes vagues, ces dernières étant caractérisées par la pulsation ω et le nombre d'onde κ.

2.6.4 Modulation d'inclinaison

La direction du lobe principal de l'onde rétrodiffusée sous l'effet des petites vagues à l'intérieur d'une cellule de résolution à la surface de la mer est très variable dans le temps et dans l'espace [129]. Par conséquent, l'angle d'incidence local θ, c'est-à-dire l'angle entre le vecteur d'onde de l'impulsion électromagnétique et la normale à la surface, varie également (voir figure 2.4).

En considérant que la surface de la mer est divisée en facettes, l'onde incidente illumine la facette courante. L'orientation de cette dernière est en générale définie par deux angles : l'angle α entre la verticale et la projection de la normale sur le plan incident et l'angle φ_p entre la verticale et la projection de la normale sur le plan perpendiculaire au plan incident. En notant θ_c l'angle entre l'onde incidente et la surface de la mer considérée sans modulation, la section retrodiffusée due aux petites vagues et modulées par les grandes vagues s'exprime en fonction du type de polarisation [159] :

$$\sigma_0^{VV}(\theta_c, \alpha, \varphi) = g_{vv}(\theta_c + \alpha) \tag{2.37}$$

$$\sigma_0^{VH}(\theta_c, \alpha, \varphi) = \tan(\varphi)\big[g_{vv}(\theta_c + \alpha) - g_{hh}(\theta_c + \alpha)\big] \tag{2.38}$$

$$\sigma_0^{HH}(\theta_c, \alpha, \varphi) = g_{hh}(\theta_c + \alpha) + \frac{\tan^2(\varphi)}{\cos^2(\theta_c)} g_{vv}(\theta_c + \alpha) \tag{2.39}$$

Ce modèle est dénommé le modèle à deux échelles de rétrodiffusion, car il nécessite à la fois le spectre des petites vagues, et celui des grandes vagues. En exprimant la section rétrodiffusée en fonction des coefficients de Fourier de la surface (au lieu des angles), de sa moyenne et de sa variation locale, *Wrigth* arrive à déduire la fonction de transfert entre la surface et la section rétrodiffusée. En polarisation verticale :

$$T_{VV}^{incl}(\vec{\kappa}) = \frac{4j\kappa_r \cot(\theta_c)}{1 + \sin^2(\theta_c)} \tag{2.40}$$

Et en polarisation horizontale :

$$T_{HH}^{incl}(\vec{\kappa}) = \frac{8j\kappa_r}{\sin(\theta_c)} \tag{2.41}$$

où κ_r est la projection du nombre d'onde sur le rayon du radar. Cette observation traduit le phénomène de la modulation d'inclinaison. Elle provoque une croissance de la puissance reçue des vagues à pente positive (faisant face au radar), et une décroissance de l'énergie pour les vagues à pente négative (tournant le dos au radar). Le phénomène est le plus observable sur les vagues se propageant dans la direction radiale.

2.6.5 Création de l'image RSO

La rétrodiffusion sur la surface de la mer par un radar à ouverture réelle (ROR) prend en compte la modulation hydrodynamique des petites vagues et la modulation due aux effets géométriques (modulation d'inclinaison). Sa fonction de transfert T^{ROR} s'exprime alors par :

$$T^{ROR}(\vec{\kappa}) = T^{hydr}(\vec{\kappa}) + T^{incl}(\vec{\kappa}) \qquad (2.42)$$

Le pixel de l'image ROR s'exprime donc par :

$$X_{ROR}(\vec{x}) = I_0 \left(1 + \int_{-\infty}^{+\infty} T^{ROR}(\vec{\kappa}) \zeta(\vec{\kappa}) e^{j\varphi(\vec{\kappa})} e^{j(\vec{\kappa}\vec{x} - \vec{\omega}t)} d\vec{\kappa} \right) \qquad (2.43)$$

Dans la création de l'image RSO, intervient alors le phénomène de la distorsion de balayage. Dans l'hypothèse d'une modulation de transfert linéaire, la section rétrodiffusion est une modulation autour d'une moyenne due aux deux phénomènes (géométrique et hydrodynamique), déplacée d'une distance $d(x)$ (relation (2.33)). Le pixel de l'image RSO est alors la somme des pixels ROR déplacés sur ses coordonnées tel que :

$$X_{RSO}(\vec{x}) = \sum_{\vec{x}'} X_{ROR}(\vec{x}') \left| \frac{d\vec{x}'}{d\vec{x}} \right| \qquad (2.44)$$

Les points x' sont définis tel que $x = x' - d(x')$ et la variation de taille de l'élément rétrodiffusé par le phénomène de dispersion des vitesses est traduite par l'expression $\frac{d\vec{x}'}{d\vec{x}}$. Il est prouvé également que le processus RSO ne fait pas varier la moyenne de la section rétrodiffusée, c'est à dire $E(X_{RSO}) = E(X_{ROR}) = I_0$. De même, les coefficients de Fourier du RSO s'identifient aux coefficients du signal $X_{ROR}(\vec{x}') e^{j\vec{\kappa}_x \frac{R}{V_s} u_R(\vec{x}')}$.

2.7 Conclusion

Les images d'intensité/amplitude RSO d'observation des surfaces immobiles, décrites au chapitre 1, sont munies du chatoiement. Celles de la surface de l'océan en sont d'avantage entâchées car elles sont régis par des mécanismes encore plus complexes du fait de la mobilité de l'eau. Les fluctuations de la radiométrie y enregistrées, proviennent certes du système d'acquisition du satellite, des interférences constructives ou destructives des signaux radar réfléchis pas les diffuseurs marins, de la réalité terrain de la scène observée, mais aussi des phénomènes particuliers qui président sa construction, notamment la distorsion de balayage, la modulation hydrodynamique et la modulation d'inclinaison. Ces contraintes supplémentaires dues à l'acquisition d'images sur un terrain en mouvement aggrave d'avantage la lisibilité des images d'observation de la mer et rend leur analyse encore plus délicate. Deux

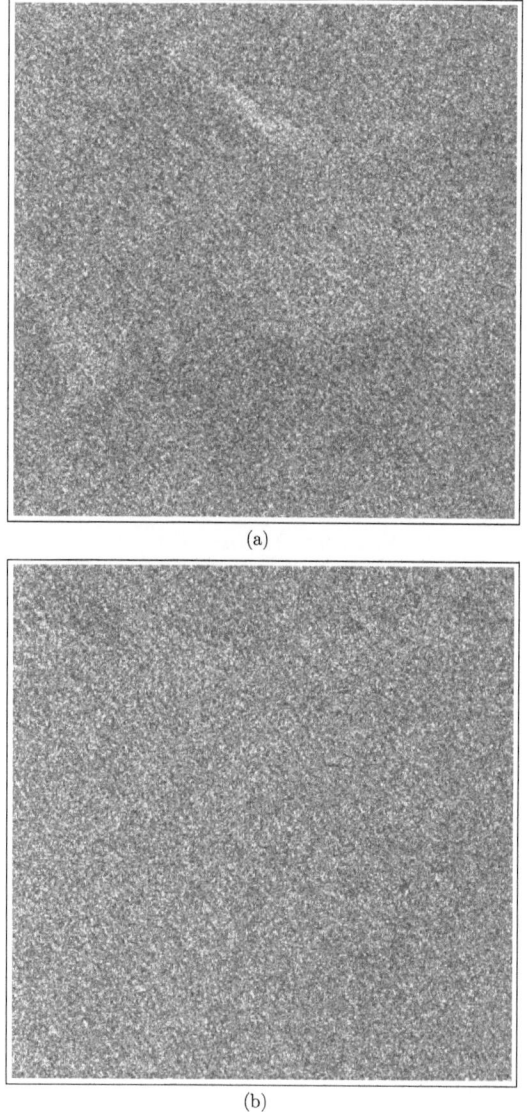

FIGURE 2.5 – Exemples de deux extraits (446 × 446 pixels) de la surface de l'océan atlantique de l'image de la figure 1.2. *Les deux extraits, a (E3) et b (E4), sont agrandis pour mettre en évidence le chatoiement qui affecte le signal pour une acquisition de l'océan*

2.7. CONCLUSION

extraits (E3 et E4), issus de la figure 1.2 de la surface de l'océan Atlantique, sont présentés agrandis à la figure 2.5 pour mettre en évidence les effets décrits du speckle sur l'image de la surface de l'océan.

Face à cet inconvenient, les filtres adaptatifs sont utilisés de la même façon que sur les images d'observation de surfaces immobiles. De ce fait, ils biaisent la valeur de la réflectivité et s'accompagnent d'une perte accrue de l'information texturale. On s'imagine alors des filtres intelligents, s'adaptant à la texture locale, notamment au spectre local des vagues à la surface de la mer. C'est sur cette considération qu'une nouvelle approche de filtrage est proposée au chapitre 5 pour en améliorer l'analyse et améliorer la détection des nappes d'hydrocarbures.

Deuxième partie

Etat de l'art sur la détection des nappes d'hydrocarbures par imagerie radar à synthèse d'ouverture de la surface de l'océan

Chapitre 3

Observation des nappes d'hydrocarbures à la surface de l'océan par les systèmes radar à synthèse d'ouverture

3.1 Introduction

Dans le chapitre précédent, l'observation par le RSO d'une surface vierge (sans pollution) de l'océan a été décrite. Dans celui-ci, nous analysons l'impact physique des nappes d'hydrocarbures à cette surface. Nous présentons ensuite la situation de la recherche sur l'utilisation des satellites RSO dans la détection des nappes d'hydrocarbures à la surface des océans.

Ainsi, l'intrusion des nappes issues de ces composés organiques à la surface d'une mer soumise aux caprices de l'atmosphère et de l'océan, en modifie les caractéristiques. Les changements dus à cette présence sont diverses, mais nous nous focaliserons essentiellement sur ses aspects physiques et visibles. Il y est alors question d'étudier les échanges entre océan, atmosphère et polluant, de décrire quelques propriétés physico-chimiques du milieu résultant. Pour être plus précis, le phénomène est décrit par les types de pollution le plus souvent rencontrés dans les océans, ainsi que le processus de vieillissement des nappes à la surface. L'influence est physiquement observée et établie lors des travaux en laboratoire et *in situ*. Elle porte sur l'interaction hydrophobe entre les hydrocarbures et l'eau de mer, et aussi sur le phénomène d'atténuation des vagues à la surface occupée par le polluant. Le modèle de description du spectre de vagues de la surface se trouve alors modifié. L'analyse qui conduit à la modification du spectre induite par la présence des nappes à la surface de l'océan prend son fondement sur la théorie de Marangoni et celle du transfert non-linéaire d'énergie [41]. Une revue de la littérature sur l'observation des nappes par les systèmes RSO est ensuite amorcée. Elle présente les systèmes utilisés et porte sur les problèmes de détectabilité des nappes dans les images. Elle conduit enfin à l'idée d'un système autonome de détection receuillant en entrée diverses informations multi forme, notamment les conditions météorologiques, ainsi que les paramètres physiques et chimiques de l'atmosphère, de l'océan, et des nappes à la surface observée.

3.2 Pollution par les hydrocarbures

Les hydrocarbures constituent un groupe de composés organiques munis de dérivés hydrogénés du carbone. À l'exception du méthane qui est un gaz naturel, les hydrocarbures se rencontrent essentiellement dans le pétrole sous la forme d'un mélange complexe de trois grandes catégories : les aliphatiques [1], les aromatiques [2], et les hétérocycliques [3].

3.2.1 Description du phénomène

Comme nous l'avons déjà relevé dans l'introduction générale, la valeur économique, et même stratégique, des produits hydrocarbonés entraîne l'effervescence de l'industrie pétrolière et du trafic maritime dans la quasi totalité des océans du monde. Dans ces circonstances, deux modes de pollution par les hydrocarbures sont identifiés. D'une part, la pollution dite chronique consiste au dégazage des bâteaux et à la vidange des pétroliers en mer. D'autre part, la pollution aigue est largement répandue par les accidents de navigation, de forage en mer , et de guerre. Diverses catastrophes ont été citées en exemples pour sensibiliser l'opinion. Les conséquences dues à ces catastrophes écologiques ont également été mentionnées, notamment l'action dégradatrice des micro organismes, les effets néfastes sur la faune et le comportement du polluant sur les plages.

3.2.2 Désagrégation des nappes

La présence des hydrocarbures à la surface de l'océan entraine des effets à la fois de surface et de profondeur (figure 3.1) qui contrôlent sa dispersion et sa biodégradation en milieu océanique [108]. Une partie du pétrole, moins dense que l'eau, forme

---

1. Molécules linéaires en longues chaînes.
2. Benzène et homologues supérieurs, constitués de cycles dont le squelette moléculaire renferme six carbones.
3. Pour lesquels les cycles sont très complexes avec un nombre différent de carbones.

3.3. INFLUENCE DES HYDROCARBURES À LA SURFACE

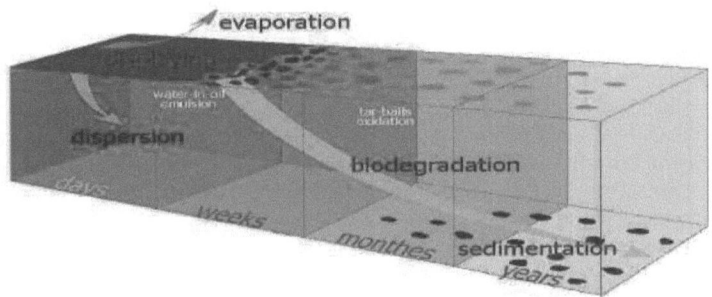

FIGURE 3.1 – Processus de désagrégation des nappes à la surface de l'océan [108]

des nappes qui flottent. Les éléments les plus volatiles s'évaporent, certains sont soumis à des réactions d'oxydation. Une grande partie déclenche des phénomènes d'émulsion, de biodégradation, et de tension superficielle. Nous n'allons nullement nous encombrer des considérations chimiques, et nous focaliser aux phénomènes physiques observables et modélisables, notamment la dissolution de l'eau dans les hydrocarbures (et vice versa) et l'atténuation des vagues à la surface.

3.3 Influence des hydrocarbures à la surface

3.3.1 Interaction hydrophobe hydrocarbures-eau

Comme relevé tantôt, le processus de désagregation des nappes d'hydrocarbures en milieu océanique enclenche divers phénomènes physico-chimiques [84, 108], notamment la propagation, la dérive, l'évaporation, la dissolution, la dispersion, l'émulsification, la sédimentation, la biodégradation et la photo-oxydation du pétrole.

En outre, l'eau et le pétrole constituent deux liquides non miscibles. À ce titre, il est théoriquement impossible de les mélanger. Celà est par contre rendu possible si l'agitation des gaz à la surface (le vent) est suffisante. Le mélange constitue alors une interaction hydrophobe *hydrocarbures-eau* [46]. Il produit une émulsion, c'est à dire un système formé de gouttes et de filets de l'un dispersé dans l'autre. Et lorsque la mer redevient calme, les interactions répulsives des molécules s'accroissent et les deux corps se séparent à nouveau. Du fait de la pesanteur, la moins dense (la nappe) flotte sur la plus dense (l'eau). La surface de séparation (en profondeur) entre les deux peut dans ce cas être définie.

En réalité, chaque liquide est partiellement soluble dans l'autre dans ce couple de produits non miscibles. A l'équilibre, il y'a un phénomène de double saturation, chaque liquide ayant absorbé une partie de l'autre. Les résultats expérimentaux font apparaître, de la moins dense à la plus dense, la phase continue de pétrole qui se maintient à la surface de l'océan, la solution saturée eau/pétrole, la phase eau, puis la solution saturée pétrole/eau. En emportant avec lui les particules lourdes, cette dernière précipite au fond de l'océan et provoque un phénomène dit de sédimentation, donc de migrations verticale et horizontale des nappes d'hydrocarbures.

Du point de vue de l'observation spatiale de la surface de la mer, la limite des nappes d'hydrocarbures d'une part et de l'eau non polluée n'est pas toujours perceptible. Les conditions de visibilité des nappes dans les images RSO exigent une rugosité minimale due à une amplitude minimale du vent à la surface. Ce qui indique une agitation intermédiaire qui ne traduit ni une émulsion totale des deux corps, ni un mélange au repos. Ce phénomène de dissolution partielle met en évidence trois couches observables par le RSO à la surface de la mer : la couche quasi stable d'hydrocarbures, la couche d'émulsion et la couche quasi stable d'eau de mer. De ce fait, les effets de tension dus au polluant ne sont pas toujours uniformément répartis.

3.3.2 Phénomène d'atténuation des vagues

La présence des nappes d'hydrocarbures à la surface des océans en change les caractéristiques locales [71] et modifie à la baisse la distribution d'énergie du spectre du vent et des petites vagues [72]. Ceci se traduit physiquement par une atténuation de la hauteur des vagues couvertes. Le lissage ainsi observé est dû à la diminution de la tension de surface induite par l'accroissement du champ de pression des nappes. En d'autres termes, le vent transmet peu d'énergie aux ondes capillaires occupées par les nappes qu'aux ondes non polluées.

Le phénomène s'étend même aux plus grandes vagues grâce à la théorie de Marangoni [3]. Selon ce dernier, un gradient de tension de surface est créé lorsqu'un fluide visqueux couvre les vagues de surface. Des ondes longitudinales dites *de Marangoni* sont alors générées par dissipation visqueuse des ondes de surface. L'atténuation des petites ondes de haute fréquence atteint son apogée lorsque les deux types d'ondes entrent en résonance.

3.4 Revision du modèle pour une surface polluée

Dans le chapitre précédent, il a été mentionné que l'occupation par les nappes d'hydrocarbures d'une partie de la surface de l'océan modifie son apparence physique. Il en résulte que le modèle de description du spectre de vague de la dite surface sera également revisé. Pour s'y faire, *Franceschetti et al.* [41] propose une approche basée sur les théories de Marangoni et de transfert non-linéaire d'énergie.

On définit les indices m et n comme étant représentatives des cibles respectives MER et $NAPPE$; les indices ve, nl et dv correspondent aux sources respectives du vent, des *interactions vague-vague non-linéaires* et de la *dissipation due à la viscosité*. La dissipation causée par le déferlement est habituellement négligée pour une vitesse de vent inférieure ou égale à $10\,m/s$. Dans les conditions d'équilibre, l'équation de l'action (2.13) devient pour la cible MER (respectivement $NAPPE$) :

$$\frac{dN_m(\kappa)}{dt} = Q_m^{ve}(\kappa) + Q_m^{nl}(\kappa) + Q_m^{dv}(\kappa) = 0 \quad (3.1)$$

respectivement

$$\frac{dN_n(\kappa)}{dt} = Q_n^{ve}(\kappa) + Q_n^{nl}(\kappa) + Q_n^{dv}(\kappa) = 0 \quad (3.2)$$

La contribution du vent est évaluée par :

$$Q_m^{ve} = Q_m^0 + \beta_m N_m \quad (3.3)$$

respectivement

$$Q_n^{ve} = Q_n^0 + \beta_n N_n \quad (3.4)$$

Q_m^0 (respectivement Q_n^0) est dû à l'excitation résonnante causée par la pulsation de la pression atmosphérique, encore nommée mécanisme de Phillips [33]. β_m (respectivement β_n) est exprimé par la relation (2.20). La vitesse de friction u_*^m correspondante à la mer non polluée (respectivement u_*^n correspondate à la nappe occupant la surface) est donnée par :

$$u_*^m = 0,053\, U_{ref} \quad (3.5)$$

respectivement

$$u_*^n = 0,042\, U_{ref} \quad (3.6)$$

U_{ref} est une vitesse de référence du vent estimée à partir d'une relation linéaire de [47] et valable dans l'intervalle de vitesse du vent de 4 à $10\,m/s$. L'apport des interactions non linéaires est donné par :

$$Q_m^{nl} = \alpha_m N_m \quad (3.7)$$

respectivement

$$Q_n^{nl} = \alpha_n N_n \quad (3.8)$$

α_m et α_n sont les taux de transfert d'énergie non linéaire. Les termes de dissipation visqueuse sont exprimés par :

$$Q_m^{dv} = 2c_g \Delta_m N_m \quad (3.9)$$

et

$$Q_n^{dv} = 2c_g \Delta_n N_n \quad (3.10)$$

c_g est la vitesse de groupe du paquet d'ondes et Δ_m (resp. Δ_n) est le coefficient d'atténuation visqueuse. Dans le cas où l'eau de la mer est propre, donc dépourvue des nappes d'hydrocarbures, on a :

$$\Delta_m = \frac{4\kappa^2 e\omega}{\rho g + 3\tau\kappa^2} \quad (3.11)$$

et

$$\alpha_m = -q\beta_m \quad (3.12)$$

où $q = 1,15$; ρ est la densité de l'eau en kg/m^3 ; e sa viscosité en Ns/m. Pour maintenant estimer le coefficient d'atténuation visqueuse et le taux de transfert d'énergie non linéaire dans un contexte de pollution par les hydrocarbures, on fait usage de la théorie de Marangoni. Selon cette dernière, une surface couverte par les nappes est pourvue de deux types d'ondes : les ondes de gravité-capillarité et les ondes de Marangoni. Lorsque ces deux types entrent en résonnance, l'atténuation devient maximale. On considère donc un coefficient d'atténuation relatif $l = \Delta_n/\Delta_m$ dont l'expression (3.13) fait intervenir les propriétés physiques et chimiques de la nappe considérée.

$$l = \frac{1 + X(\cos\theta_L - \sin\theta_L) + XY - Y\sin\theta_L}{1 + 2X(\cos\theta_L - \sin\theta_L) + 2X^2} \quad (3.13)$$

où

$$X = \frac{|L|\kappa^2}{\sqrt{2\omega^3\rho e}} \quad (3.14)$$

et

$$Y = \frac{|L|\kappa}{4\omega e} \quad (3.15)$$

et où $|L|e^{j\theta_L}$ est une caractéristique physico-chimique complexe de la nappe (en anglais nommée *dilational modulus*), caractéristique dont les parties réelle et imaginaire sont respectivement en relation unique avec l'élasticité et la viscosité de la nappe [3, 47]. L'étude expérimentale de ce modèle est décrite dans [41].

Le taux de transfert d'énergie non linéaire α_n considéré par le modèle est :

$$\alpha_n = \alpha_m + \alpha_M \left(\frac{\kappa}{\kappa_M}\right)^{3/2} \left(\frac{u_*}{u_{*c}}\right)^2 \quad (3.16)$$

où κ_M est le nombre d'onde de Marangoni, en d'autres termes, le nombre d'onde pour lequel le coefficient d'atténuation relatif l est maximal, u_{*c} la vitesse de friction critique pour laquelle l'atténuation de Marangoni est totalement compensée par le transfert non linéaire, α_M le taux d'atténuation de Marangoni donné par la relation :

$$\alpha_M = 2c_g l(\kappa_M)\Delta_m(\kappa_M) = 2c_g \Delta_n(\kappa_M) \qquad (3.17)$$

En combinant les équation (3.1), (3.3), (3.7) et (3.9) d'une part, (3.2), (3.4), (3.8) et (3.10) d'autre part, puis en divisant le résultat issu de (3.1) par celui de (3.2), en considérant que $Q_m^0 = Q_n^0$, $N_m = \frac{\omega S_m}{\kappa}$ et $N_n = \frac{\omega S_n}{\kappa}$, on aboutit à l'expression de l'atténuation spectrale Λ_S en fonction des propriétés physiques de la nappe :

$$\Lambda_S = \frac{S_n}{S_m} = \frac{\beta_m - 2c_g\Delta_m + \alpha_m}{\beta_n - 2c_g\Delta_n + \alpha_n} \qquad (3.18)$$

Cette relation traduit la modification du spectre induite par la présence des nappes à la surface de l'océan.

3.5 Systèmes RSO pour l'observation des nappes

De même que tous les radars, le RSO affecté à la détection des nappes à la surface de l'océan utilise la portion du spectre électromagnétique des longueurs d'onde centimétriques comprise entre 0,83 cm et 133 cm (fréquences correspondantes entre 36 GHz et 0,225 GHz), reparties en 7 bandes de fréquence (Ka, Ku, X, C, S, L et P), avec des polarisations simples (HH, VV, HV, VH), doubles (HH et HV, VV et VH, HH et VV) ou quadruples(HH, VV, HV et VH). En télédétection spatiale, il faut tenir compte du spectre de transmission de l'atmosphère. Les petites bandes (Ka, Ku) subissent de fortes atténuations dans les couches basses de l'atmosphère neutre (troposphère). Les grandes longueurs d'onde (P) subissent de fortes dispersions à la traversée de l'ionosphère. C'est la raison pour laquelle les bandes intermédiaires sont les plus sollicitées. La selection parmis ces dernieres est faite en fonction de l'application prioritaire. La bande C est un compromis pour l'ensemble des applications et c'est d'ailleurs elle, dans la grande majorité des satellites, qui héberge le suivi de la pollution par des hydrocarbures. Même si aujourd'hui, la nouvelle tendance est aux systèmes multifréquences.

Les performances d'un radar sont données par l'estimation du rapport signal sur bruit SNR (Signal to Noise Ratio) qui, lui, est inversement proportionnel à la bande passante. Ne pouvant pas agir directement sur cette dernière, la technique de compression d'impulsion permet, grâce à l'utilisation d'un signal modulé, d'obtenir une bonne résolution radiale avec un signal à large bande. Et l'utilisation en plus d'une antenne synthétique produit une amélioration de la résolution azimutale. Les

	SEASAT	ALMAZ-1	ERS-1	ERS-2	JERS-1	RADARSAT	ENVISAT
Bande	L	S	C	C	L	C	< C <
Longueur d'onde (cm)	23,5	9,6	5,66	5,66	23,53	5,66	< 5,7 <
Polarisation	HH	HH	VV	VV	HH	HH	Variable
Angle d'incidence (°)	19 à 26	32 à 65	23	23	35	20 à 49	15 à 45
Nombre de vues	4	4 <	3	3	3	4	-
Résolution (m)	25	15 à 30	20	20	18	9 à 100	30 <
Lancement	1978	1991	1991	1995	1992	1995	2002
Fin des opérations	1978	1992	2000	2002	1998	-	-
Propriétaire	NASA	SSMA	ESA	ESA	NASDA	ASC	ESA

TABLE 3.1 – Caractéristiques des principaux satellites utilisés pour la DNH par RSO

caractéristiques principales d'une couverture régulière de l'océan par des satellites imageurs reposent également sur l'angle incident de l'onde électromagnétique et sur le choix du type d'orbite du satellite, notamment l'altitude, la période de rotation, l'inclinaison, l'excentricité, l'héliosynchronisme, le cycle, le phasage, la dérive et la correction orbitale. Le tableau 3.1 donne l'essentiel des informations sur les satellites commerciaux utilisés dans la détection des nappes de pollution par des hydrocarbures.

En déhors des satellites RSO en orbite polaire tels que SEASAT, ERS-1, ERS-2, JERS, RADARSAT, ENVISAT (tableau 3.1), ont également existé le satellite en orbite non polaire ALMAZ-1; les navettes spatiales *Columbia* (programme SIR-A en 1982), *Challenger* (programme SIR-B en 1984), *Endeavour* (programmes SIR-C en 1994 et SRTM en 2000) (tableau 3.2); les RSO aéroportés mis en vol par le *Sandia National Laboratories* (USA), le CCT (Centre Canadien de Télédétection), le CRL (*Communications Research Laboratory*) en partenariat avec la NASDA (*National Space Development Agency of Japan*) et divers autres d'origine militaire cités dans [107]. Il y a lieu d'insister sur la flexibilité des images fournies, flexibilité initiée par RADARSAT et adoptée également par ENVISAT. En effet, ce dernier présente cinq modes de fonctionnement différents, chacun traduisant les conditions particulières d'acquisition. Pour en resumer le fonctionnement, il permet d'acquérir des images avec des résolutions, des fréquences autour de la centrale (tableau 3.1), des incidences et des polarisations variables (pour plus d'informations, voir [34]).

Contrairement au RSO satellitaire, l'utilisation des RSO aéroportés se limite en

3.6. DÉTECTABILITÉ DES NAPPES D'HYDROCARBURES PAR LE RSO

	SIR A	SIR B	SIR C		X-SAR
Bande	L	L	L	C	X
Longueur d'onde (cm)	23,5	23,5	23,5	5,8	3,1
Polarisation	HH	HH	HH, VV, HV, VH	HH, VV, HV, VH	VV
Angle d'incidence (°)	50	15 à 65	20 à 55	20 à 55	20 à 55
Nombre de vues	-	4	-	-	-
Résolution (m)	40	20 à 30	-	-	-
Année de la mission	1982	1984	1994	1994	1994

TABLE 3.2 – Caractéristiques des principales navettes spatiales utilisées pour la DNH par RSO

général à des observations au large des côtes et s'avère très peu rentable à cause de ses capacités très réduites à couvrir une large surface terrestre. Dans divers travaux, les avions porteurs sillonnent les mers côtières soit pour l'identification visuelle des nappes, soit pour des mesures *in situ*. *Trieschmann et al.* [150] procèdent ainsi pour la localisation des nappes puis font usage des bandes conjuguées de l'infrarouge et de l'ultraviolet, des micro ondes et du laser LFS (*Laser-fluoro-sensor*) pour respectivement mesurer l'étendue de la signature, estimer l'épaisseur de la nappe et déterminer le type de nappe observée [15].

Le RSO satellitaire est également utilisé conjointement avec d'autre capteurs. Une comparaison des données RSO et optiques, à l'exemple de RADARSAT et le capteur SeaWiFS (*Sea-viewing Wide Field-of-view Sensor*) détectant la chlorophylle [45], permet de discriminer les nappes issues des algues par rapport aux nappes d'origine humaine [73].

3.6 Détectabilité des nappes d'hydrocarbures par le RSO

À l'époque naissante du RSO satellitaire, très peu de questions relatives à la pollution des eaux océaniques se posent. La durée de vie de SEASAT (4 mois) n'ayant pas permis son éclosion, il a fallu attendre la mise en exploitation de ERS-1 en 1991 pour voir ce domaine de recherche se développer de manière croissante. Les possibilités de détectabilité des nappes furent la première démarche des scientifiques qui enchaînèrent une serie d'expériences de terrain en vue de valider les conditions optimales d'acquisition du capteur RSO favorables à la détection par photo-interprètation.

Le project DOSE-91 a certainement été l'une des premières expérience d'observation des nappes. Les auteurs de ces travaux ont pu mettre en évidence la possibilité des radars imageurs des satellites ALMAZ-1 et ERS-1 à détecter des nappes de pétrole par la mise en œuvre de nappes artificielles sur la mer Norvegienne [97]. En 1993, *Kobayashi et al* réitèrent cette expérience sur l'océan pacifique et aboutissent à la même conclusion [83]. Tous relèvent en outre la nécéssité de caractériser la surface de la mer, l'ambiguité créée par l'*âge de la nappe* et estiment sans grande précision à 12 m/s la vitesse maximale du vent favorable à la détection des traces du polluant. Une nouvelle étude [156] intégrant diverses conditionnalités de sources différentes - notamment la longueur d'onde, la polarisation de l'onde, l'angle d'incidence, le type d'hydrocarbure, la vitesse du vent - aboutit enfin à des résultats significatifs. Il en ressort que les nappes d'hydrocarbures sont détectables dans les conditions relativement précises. La vitesse du vent doit être située entre 6 et 10 m/s; l'angle d'incidence entre 25 et 55°. Le contraste radar croit avec le nombre d'onde de Bragg et il est indépendant de la direction de visée du radar par rapport à celle du vent et de la polarisation. En outre, il est dépendant du type d'hydrocarbure et de l'épaisseur de la nappe. Dans ces conditions, les limites de la vitesse du vent correspondent bien aux résultats de [50, 48] selon lesquels il s'avère impossible détecter les nappes acquises en deçà de 2 m/s et au delà de 10 m/s. Basés sur 438 images RSO prises par le satellite ERS-2, ces derniers travaux de *Gade et al.* ont permis de faire un bilan sur deux ans d'observation assidue de la Mer Méditérranée et de tirer de fructueuses conclusions. La plupart des déversements délibérés des nappes d'hydrocarbures se font de nuit et la détectabilité de ces signatures dépend en grande partie de la vitesse du vent à la surface de la mer, vitesse dont la limite supérieure, à l'occasion, a été revisée à 9 m/s [49]. Dans cette analyse statistique, les auteurs s'interrogent déjà sur des similitudes existant entre les hydrocarbures et d'autres phénomènes atmosphériques et/ou océaniques non maîtrisés.

Dans la plupart, les travaux de terrain ainsi décrits ont éclairé l'opinion sur les possibilités de détectabilité des nappes dans les images RSO. Ils dévoilent qu'en général, la détection du polluant dépend beaucoup plus des conditions auxiliaires sous lesquelles les images d'observation ont été acquises. Cette contrainte suplémentaire a ensuite conduit au deuxième volet de la thématique, celle du traitement numérique des images RSO pour en améliorer la visibilité des nappes.

3.7 Critères auxiliaires pour la DNH

3.7.1 Introduction

La détection automatique des nappes d'hydrocarbures à partir du RSO satellitaire reste un objectif de grande envergure pour la survie de la planète et de ses habitants. Au delà de la mise en œuvre des stratégies de protection de l'environnement marin, elle doit permettre de comprendre en partie l'impact de la pollution chimique dans divers phénomènes jusqu'ici inexpliqués, notamment le rechauffement de la terre et les changement non maîtrisés du climat.

L'on estime à 10% la surface des océans occupée par les nappes de toutes sortes. On comprend très vite que les échanges naturels entre l'eau et l'air sont affectés, ce qui entraine une perturbation du transfert de chaleur, des échanges de dioxyde de carbone [70, 134], de l'évaporation en surface, de la transmission et de la réflexion des rayons lumineux par l'eau. Pour comprendre tous les phénomènes induits par leur présence à la surface de la mer, il est indispensable de localiser les polluants avec la plus grande précision possible, en espace et en temps. Cette localisation passe initialement par l'identification des facteurs physiques acteurs qui en influencent le processus.

À ce moment, le problème devient complexe, parce que devant mobiliser une banque de connaissances multi disciplinaires issues du capteur RSO, du satellite, de l'océan, des nappes polluantes, et de l'atmosphère. En principe, les modèles des systèmes ainsi imaginés doivent intégrer toutes les influences issues des caractéristiques, bien que variables et quasi aléatoires dans le temps et dans l'espace, des agents pré-cités alors en interaction.

3.7.2 Influence des paramètres du RSO

Les caractéristiques du RSO ont été présentées, il s'agit de la longueur d'onde qui elle est liée à la fréquence et dévoile la bande de fréquence utilisée, de la polarisation de l'onde, de l'angle d'incidence, des résolutions spatiales, du nombre de vues utilisées pour atténuer le speckle.

Pour éviter les contraintes atmosphériques énumérées à la section 3.5, les bandes intermédiaires sont les plus sollicitées. Des mesures *in situ* basées sur la variation sur ces bandes de fréquence ont permis de montrer que l'atténuation de l'onde incidente du radar varie avec la fréquence et inversement avec la longueur d'onde. La rétrodiffusion est fortement atténuée avec l'utilisation de la bande X et faiblement avec la bande L lors de l'expérience SAMPLEX 92 [157, 155]. Il est établi également que ce résultat dépend de la vitesse du vent et de la nature de la nappe observée [121]. De plus, la bande C offre, de manière générale, un meilleur compromis pour la détection et la surveillance de la pollution malgré la préférence de *Masuko et al.* [110] portée beaucoup plus vers la bande L.

La polarisation adaptée à la détection des nappes n'est pas non plus une évidence. Elle dépendrait aussi d'autres facteurs telles la longueur d'onde et la vitesse du vent. En outre, la polarisation VV en est plus favorable par rapport aux polarisations HH et HV, ceci, dans les conditions d'utilisation de la bande C et en présence des vents de grande amplitude [110].

Pour toute cible, l'écho du radar dépend non seulement de l'angle d'incidence, mais également de la rugosité à la surface. Cette dernière traduit les conditions de vent de surface. Les expériences des uns et des autres ont abouti à des résultats quelque peu distants. L'atténuation maximale du coefficient de rétrodiffusion radar en bande K_u par une nappe se situe autour des angles de 25 à 35 ° dans des conditions de vent de 5 à 7 m/s [1, 76]. Alors que *Huhnerfuss et al.* proposent 47 ° d'incidence en bande K_u [68], *Singh et al.* de 30 à 35 ° en bande K_u et de 40 à 45 ° en bande C [137]. Dans les conditions de vent favorables (de 2 à 10 m/s), on retiendra que le maximum d'atténuation de la rétrodiffusion en bande C est obtenu avec un angle d'incidence de 23 °.

3.7.3 Influence des paramètres de l'océan

Les caractéristiques de l'eau ont souvent été explorées par d'autres capteurs différents du RSO. Leur mesure enrichit les possibilités de discriminer les nappes d'hydrocarbures.

1. La *pression* à la surface correspond à la pression atmosphérique prise comme référence à zéro décibar. À 10.000 mètres de profondeur, règne des pressions de l'ordre de 10.000 décibars (1000 bars).

2. La *salinité* varie en fonction du climat, du débit des fleuves et de la lattitude de la région. En hautes lattitudes, en cas d'abondance des pluies ou de débits des fleuves importants, la salinité est presque nulle en surface et atteint des valeurs de 4% dans les bassins à très grande concentration. En général, on la situe entre 3,3 et 3,7% en profondeur comme en surface.

3. Les *températures* dans les océans dépendent des possibilités de formation de la glace (limite inférieure), du rayonnement solaire et des échanges thermiques

3.7. CRITÈRES AUXILIAIRES POUR LA DNH

océan-atmosphère (limite supérieure). Elles se situent entre -1,9 et 30 ° celcius. En surface, la température peut atteindre la valeur maximale et diminuer progressivement et lentement quand on va plus en profondeur. Par télédétection, elle peut être accessible, en passif et non radar, par la bande infrarouge [129]. En radar, elle influence les nappes à la surface. En effet, l'atténuation des vagues sous l'éffet du phénomène de Marangoni (section 3.3) varie à l'inverse de la température [67, 152], c'est à dire que le contraste dû à la nappe est plus ressenti dans l'image lorsque la température de l'eau qui la porte est faible.

4. La *densité* de l'eau dépend des trois paramètres cités ci-dessus au point considéré de l'océan. Elle croît avec la salinité et la pression et décroît quand la température augmente.

5. Le *coefficient d'absorption* de l'eau traduit la transformation en énergie calorifique de l'énergie lumineuse incidente d'une onde électromagnétique.

6. Le *coefficient d'extinction* exprime la décroissance de l'énergie lumineuse sur une verticale par mètre d'augmentation d'immersion.

7. La *couleur* de la mer varie largement entre le bleu, le vert et le rouge. Elle serait due à la diffusion sélective de la lumière sur les molécules d'eau ou des particules en suspension, à la pigmentation jaune de l'eau, à la fluorescence et à la présence des particules colorées relativement en grande nombre. La couleur est mesurée dans la bande du visible [129] et de l'ultraviolet.

8. Le déplacement d'eau des hautes pressions vers les basses pressions donne naissance au phénomène de *courant*. L'état de surface réel de l'océan imagée par le RSO, est une somme de courants caractérisés par la *hauteur significative*, la *longueur d'onde* et la *direction de propagation* des vagues. Il est donc évident que les courants océaniques ainsi que les courants internes modifient la forme des nappes, et par ce biais, atténuent indirectement les vagues en surface [96, 148]. Les premiers sont provoqués par la gravité, et les deuxièmes par la topographie sous marine. Ce qui explique l'étude de la *bathymétrie* et surtout de la topographie sous marine par l'usage de l'imagerie radar de la surface de l'océan [74].

3.7.4 Caractéristiques des nappes

La nature des nappes est principalement prise en compte par la *viscosité*. Les océanographes procèdent par variation des types de polluants (des huiles légères aux hydrocarbures denses) dans l'exercice de leurs expériences *in situ* ou en laboratoire. Ils arrivent tous à la conclusion selon laquelle le contraste induit par l'impact des nappes dépend fortement de la nature de celles-ci [69]. Pour la même bande de fréquence, le contraste RSO est plus important sur les polluants les plus visqueux que sur celles les plus légères [157, 155]. L'*élasticité* est la seconde caractéristique des nappes d'hydrocarbures. Selon *Alper et al.*, les nappes de forte *élasticité* atténuent les ondes de gravité [3]. *Migliaccio et al.* [115] quant à eux développent une approche physique qui conduit à un modèle électromagnétique d'estimation du coéfficient de rétrodiffusion en fonction de la vitesse du vent à la surface de la mer, ainsi que des propriétés viscoélastiques des nappes, notamment la *densité*, l'*élasticité* et la *tension superficielle*.

Dans [41], quelques propriétés viscoélastiques particulières des substances polluantes très souvent observées dans les eaux des océans sont présentées. Mais, la caractérisation des polluants doit pouvoir répondre à un protocole commun pour une meilleur cohésion des résultats. Cette approche permet de mieux apprécier l'impact de chaque composante. A titre d'exemple [22], des analyses du fuel lourd issu du nauffrage du pétrolier *Prestige* ont permis de mesurer la densité à la température locale (température de l'eau à l'instant de l'acquisition de l'image), le point d'écoulement[4], la viscosité à la température initiale à l'instant du nauffrage, la viscosité à la température locale, le point d'éclair[5], la teneur en soufre, la teneur en vanadium, la teneur en nickel, la teneur en asphaltènes, la teneur en hydrocarbures saturés, la teneur en hydrocarbures non saturés et la teneur en résines.

Il est à remarquer que la nappe modifie également les paramètres de rétrodiffusion par ses caractéristiques géométriques, notamment sa *forme* et son *épaisseur*. Au regard du processus de désagrégation des nappes (section 3.3), la réduction du signal est beaucoup plus prononcée vers le centre d'inertie des nappes [76], alors zone de plus grande épaisseur. Le *nombre de nappes* et le *nombre de tâches* autour de la nappe observée dans une scène sont des informations prises en compte pour caractériser la forme de la nappe [143]. Ces caractéristiques reflètent également l'*âge* de la nappe en relation avec sa nature physico-chimique.

---

4. Température la plus basse à laquelle le carburant distillé peut s'écouler, lorsqu'il a été refroidi dans les conditions décrites par la méthode de test convenable. En d'autres termes, c'est la température de 3 ° C au dessus de la température à laquelle le carburant, dans une coupe témoin, n'affiche aucun mouvement quand le contenant est maintenu à l'horizontal pendant cinq sécondes.

5. Température à laquelle il faut chauffer le liquide combustible pour qu'il émane suffisamment de gaz pour former, avec l'air, un mélange momentanément inflammable pour qu'il prenne feu quand on en approche une petite flamme dans les conditions données.

3.7.5 Influence des effets atmosphériques

L'atmosphère est essentiellement composée d'air caractérisé, comme tout fluide, par sa *pression*, sa *température*, sa *densité* et son *humidité* que l'on considère relativement uniformes dans une masse d'air. Le déplacement d'air des hautes pressions vers les basses pressions donne naissance au phénomène de *vent*. Le vent à la surface de l'océan est le principal générateur des petites vagues indicatrices de la rugosité de la surface. Il est essentiellement caratérisé par l'*amplitude de sa vitesse* et sa *direction de propagation*.

En l'absence du vent, la mer se comporte comme un réflecteur spéculaire, la rétrodiffusion vers le radar est presque inexistante pour apprécier le contraste. Lorsque l'amplitude de la vitesse du vent est très importante, la surface de l'océan devient très rugueuse, le polluant entre en émulsion très avancée avec l'eau (section 3.3), et par conséquent, le contraste est peu visible par le radar. Entre les deux cas cités, il apparaît que l'amplitude de la vitesse du vent doit s'ajuster à la nature de la surface observée, c'est à dire correspondre aux conditions d'une surface légèrement rugueuse. Les limites supérieure et inférieure de cette vitesse varient en fonction des contextes expérimentaux, notamment des paramètres radar, de la nature et de l'âge de la nappe, puis de l'angle d'incidence [122].

La direction du vent est repérée par rapport à la direction de déplacement du satellite. Il est montré dans [156, 157, 155] que cet angle n'a pas d'influence sur le contraste induit par les nappes d'hydrocarbures lorsque la vitesse du vent se situe entre 1,5 et 6 m/s. En fait, la relation de dépendance recherchée est fonction des caractéristiques de l'onde électromagnétique. Pour faire apparaître une atténuation significative, l'angle entre la direction azimutale et la direction du vent ne doit pas atteindre 30° pour les bandes L et X [71].

3.7.6 Autres informations utiles

Le passage *ascendant* ou *déscendant* du satellite renseigne sur la direction azimutale de celui-ci par rapport à la direction des vagues de la surface observée et s'avère d'une importance relative. Diverses autres considérations sont prises en compte, notamment la présence ou non de structures (plateforme ou bateau) à proximité de la nappe, la distance entre la nappe et la structure considérée, la localisation des couloirs de navigation les plus proches [50, 103], le temps d'acquisition (le jour ou la nuit), en sachant que la plupart des déversements délibérés des polluants se font la nuit.

3.8 Conclusion

Il a été question, dans ce chapitre, d'analyser l'influence à la surface de la mer des nappes d'hydrocarbures, ainsi que les conséquences observées dans les images RSO lors des travaux d'observation antérieurs. Il en sort que les interactions moléculaires sont à la base de la quasi totalité des propriétés du mélange observé à la surface polluée de la mer. Elles sont mises en évidence, d'une part par les phénomènes statiques d'adhésion, et d'autre part par l'étude dynamique de l'écoulement des fluides faisant apparaître la viscosité. Par conséquent, les propriétés des nappes en présence sont affectées par l'eau, et inversement, conduisant à un mélange trouble de la surface observée. La vision "système" aussi décrite de l'observation par imagerie RSO de la surface polluée de la mer a permis sans doute de cerner les contours, mais aussi de mieux comprendre la complexité du thème abordé. La détection des nappes d'hydrocarbures répandues dans les océans est un sujet qui interpelle une synergie de données multi sources. L'interaction de toutes ces variables, à la fois temporelles et spatiales, fait penser à la possibilité de réalisation d'abaques numériques, ou des systèmes d'informations marines, qui devraient permettre de cerner les dépendances des uns par rapport aux autres. Par conséquent, les phénomènes qui régissent ces relations interdépendantes sont permanemment en étude. Nous citons comme exemple intéressé, la modélisation de la surface de l'océan (section 3.4).

En définitive, la surface de l'océan observée par le RSO est formée en grande partie grâce aux phénomènes conjugués de vent (phénomène atmosphérique), de courant marin (phénomène océanique) et de polluant par endroit (phénomène "terrestre" ou "humain"). Elle est considérée comme résultant d'un processus aléatoire à trois dimensions spatiales et décrite par des propriétés statistiques de l'image acquise. En tout état de cause, l'image ne saurait seule traduire la réalité de cette surface. Elle vient en complément offrir des informations directes sur la texture et la géométrie des signatures. À l'évidence, les systèmes de DNH sont difficiles à gérer à cause de la diversité des paramètres à considérer. Pour traduire au mieux la réalité de l'observation des océans, les modèles de traitement sont construits sur la base d'hypothèses physiques décrites par la RSO océanographie.

Chapitre 4

Méthodes de détection des nappes d'hydrocarbures dans les images radar à synthèse d'ouverture de la surface de l'océan

4.1 Introduction

À partir des images RSO formées de la surface polluée de la mer (chapitres 1, 2 et 3), les scientifiques se sont d'abord intéressés aux conditions de visibilité des nappes d'hydrocarbures. Puis, le traitement numérique des dites images a ensuite pris le relais pour la détection. A l'issue de l'expérience accumulée, le procédé des systèmes numériques de détection - segmentation et classification - des nappes d'hydrocarbures se sont finalement dressés en trois étapes essentielles [140] : la détection (segmentation) des signatures dans les images RSO, leur caractérisation ainsi que celle de l'environnement marin, puis la discrimination (classification) des signatures caractérisées (figure 4.1). Les signatures sont caractérisées par des mesures effectuées directement ou indirectement sur l'image. L'océan quant à lui est caractérisé par des données auxiliaires extérieures, indépendantes de l'image et relatives à son état de surface. La classification des signatures détectées tient donc compte des deux sources de paramètres. L'approche de *Girard-Ardhuin et al.* [58] propose plutôt une classification basée sur les informations extraites sur l'image, ce qui conduit à un modèle de détection à quatre étapes, la quatrième étape étant tout simplement réservée à la validation de la classification tenant compte de l'influence connue des conditions météorologiques et océaniques.

À cet effet, le chapitre traite des méthodes de traitement numériques utilisées pour la détection des nappes d'hydrocarbures dans les images RSO de la surface de l'océan. Il y est question des méthodes de filtrage du bruit de speckle, de segmen-

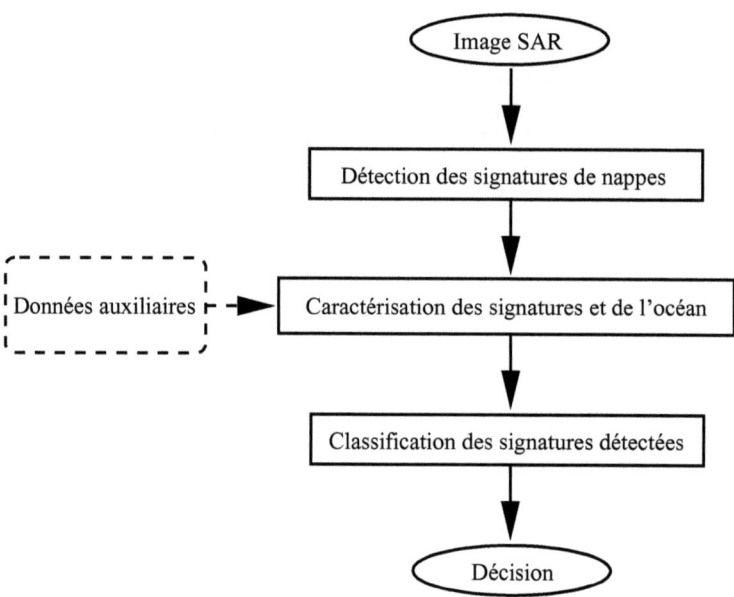

FIGURE 4.1 – Schéma synoptique de la détection des nappes d'hydrocarbures [140].

tation des signatures de nappes, de caractérisation des signatures détectées et de l'océan, puis de classification des signatures caractérisées. Étant donné l'intérêt lié aux objectifs de la thèse, nous allons étendre notre analyse des méthodes de détection passive car elles cadrent avec le but même des recherches effectuées.

4.2 Filtrage des images RSO

Comme relevé aux chapitres 1 et 2, les images RSO de la surface de la mer sont fortement entâchées du chatoiement. En outre, il est recommandé, de tradition, d'utiliser des filtres afin d'en atténuer les effets naussifs. Il en existe un très grand nombre que l'on pourrait classer en trois groupes [27, 120] : les filtres linéaires, les filtres non linéaires et les filtres adaptatifs. Dans la suite, nous revenons sur ces notions, puis nous nous intéresserons particulièrement aux filtres de Lee et de Kuan d'abord parce que les résultats générés par ces derniers s'avèrent meilleurs en terme de réduction du bruit de speckle dans les images RSO [130], mais aussi parce qu'un modèle équivalent sera utilisé dans la suite (chapitres 5 et 6) pour le filtrage ainsi que la décomposition des images RSO en vue de la détection des nappes d'hydrocarbures à la surface de l'océan.

4.2.1 Description générale

La linéarité est la principale caractéristique des filtres linéaires. Par conséquent, ce sont des produits de convolution E, c'est à dire qu'il existe une fonction g permettant de calculer la fonction transformée $E \circ f_I$ (composition de E par f_I) par produit de convolution noté $f_I * g$ tel que :

$$f_I(s) * g(s) = \int_{-\infty}^{+\infty} f_I(s-y)g(y) \qquad (4.1)$$

La nature du filtrage dépend de la forme et du contenu de la fonction de voisinage utilisée. Seuls les filtres d'adoucissement, c'est à dire les filtres passe bas, seront intéressants pour cette application. Ils éliminent assez bien le bruit de fond d'une image. Mais ils ont un inconvénient, c'est qu'ils enlèvent les composantes spectrales de fréquences élevées dans les images. Et pour des thèmes pour lesquels la précision spatiale de la détection est de mise, l'extraction des objets devient délicate. Par contre, les filtres linéaires passe haut n'éliminent pas le bruit de fond, ils sont relatifs à des fonctions dérivées et, par conséquent, permettent la mise en exergue des contours. La transformée de Fourier ou filtre linéaire global génère ses résultats dans l'espace des fréquences, ce qui n'est pas intéressant pour l'étude qui s'accorde dans l'espace image.

Les opérateurs de filtrage non linéaires classiques sont très diversifiés. Les filtres les plus courants sont les filtres d'ordre (notamment le filtre médian), les filtres homomorphiques et les filtres morphologiques. Le filtre médian remplace la valeur de chaque pixel par la valeur médiane obtenue dans son voisinage. En général, il est très performant et corrige l'une des grandes faiblesse des filtres linéaires, en occurrence l'étalement des transitions entre régions. Mais il peut affecter la géométrie des régions de l'image dans certaines conditions. Par exemple, l'information des points anguleux peut être perdue en faveur d'une forme arrondie. Le filtrage morphologique, quant à lui, sera décrit dans son contexte à la section 5.2.

Les filtres linéaires passe bas ne sont pas toujours adaptés aux images RSO au bruit multiplicatif [6, 5]. Ils produisent certes une correction de la disparité de la radiométrie, mais provoquent également une perte non négligeable de l'information. Le *filtre moyenne* par exemple produit le lissage des contours des nappes. Le *filtre médian* préserve mieux les contours, mais ne prend pas en compte les propriétés statistiques de l'image. Par conséquent, les résultats ne sont pas satisfaisants. Les filtres adaptatifs par contre prennent en considération les statistiques de l'image et génèrent de meilleurs résultats [13].

Les filtres adaptatifs sont des opérateurs dérivés de l'analyse statistique. Il en existe une grande diversité. On peut citer entre autres [130, 107], le filtre de Lee, le filtre de Kuan, le filtre de Frost, le filtre α-linéaire. Ils sont basés sur le même principe d'utilisation des moments du premier et de second ordre pour déterminer les facteurs de poids du lissage. La réflectivité de la scène de la surface marine est dans ce cas supposée stationnaire[1] et ergodique[2] et caractérisée par son espérance et sa variance.

Les filtres adaptatifs permettent alors de lisser le bruit de speckle sur des zones homogènes, et de préserver en même temps la texture et les hautes fréquences dans les régions hétérogènes. *Barni et al.* [5, 6] suggèrent l'utilisation des filtres de Kuan et Sigma du fait de la qualité de la segmentation produite. *Bjerde et al.* [13] quant à eux recommendent le filtre de Lee avant l'usage des matrices de cooccurence qui lui ont permis d'extraire les signatures des nappes. En effet, ce dernier filtre, couplé au filtre Gamma, a considérablement réduit le bruit affectant les images RSO destinées à la modélisation du comportement des nappes à la surface de la mer [109].

---

1. La moyenne spatiale estimée en tout point de l'espace est invariante.
2. La moyenne spatiale est indépendante de la réalisation sur laquelle est effectuée l'estimation.

4.2.2 Filtres adaptatifs de Lee et de Kuan

Nous rapppelons que le modèle des filtres de Lee et de Kuan sera repris dans la technique de filtrage développée dans cette thèse (chapitres 5 et 6). Notons alors $E(f_I)$ et σ_I^2, respectivement l'espérance et la variance de l'intensité f_I d'une image radar I, le modèle multiplicatif du speckle (section 1.5) est considéré : $f_I = f_R \cdot f_Z$. Le speckle f_Z est également caractérisé par son espérance $E(f_Z)$ et sa variance σ_Z^2. La reflectivité de l'image filtrée est alors estimée par [107] :

$$f_{IF} = f_R = K \cdot f_I + (1 - K) \cdot E(f_I) \qquad (4.2)$$

Pour le filtre de Kuan,

$$K = \frac{1 - \frac{\gamma_Z^2}{\gamma_I^2}}{1 + \gamma_Z^2} \qquad (4.3)$$

Et pour celui de Lee,

$$K = 1 - \frac{\gamma_Z^2}{\gamma_I^2} \qquad (4.4)$$

γ_I et γ_Z sont les coefficients de variation respectives de l'image bruitée et du chatoiement. Les valeurs de la moyenne et de la variance du bruit peuvent être estimées à partir de la moyenne et de la variance locale données par une fenêtre 3×3 pixels [130].

4.3 Détection des nappes d'hydrocarbures dans les images RSO

4.3.1 Résumé de l'art

À l'avènement du satellite ERS-1, les méthodes de segmentation des nappes d'hydrocarbures ne se sont pas beaucoup diversifiées, certainement à cause du constat précoce fait de la présence apparente des nappes dans les images originales avant le traitement numérique. Quelques années plus tard, le déploiement des traiteurs d'images produit ses fruits. Le premier courant d'approches proposées dans la littérature se réfère au seuillage adaptatif [13, 138]. Les limites constatées de celui-ci conduisent ensuite à l'algorithme *Fuzzy C-Mean* (FCM) [6, 5] basé sur la théorie des ensembles flous [161]. Il représente explicitement des informations imprécises sous la forme de fonctions d'appartenance affectées à tous les pixels. Pour localiser des tâches avec précision et minimiser les fausses alarmes, la méthode est successivement appliquée à une structure pyramidale obtenue des images du satellite SEASAT. Les techniques multi échelles gagnent d'avantage du terrain. L'idée de caractériser le spectre de vagues par l'usage des ondelettes prend naissance dans les travaux de *Mercier et al.* [112]. Les transformations en ondelettes sont utilisées dans [98, 160] comme des outils de détection de structures linéaires pour la localisation des frontières des nappes d'hydrocarbures. Les décompositions pyramidales deviennent de plus en plus d'usage. Une technique de segmentation basée sur la Décomposition Gaussienne-Laplacienne (*Laplace of Gauss*) et la différence de Gaussiennes (*Difference of Gauss*) est présentée dans [23, 24].

Ces dernières années, les méthodes de segmentation des nappes sont issues de théories diverses. Quatre sont comparées dans [57], puis mises à profit dans une approche opérationnelle de caractérisation des nappes dans les images RSO et à l'aide des données auxiliaires [58] : La première est une succession de filtrages médian et de Sobel suivie par une combinaison de dilatation et d'érosion morphologiques ; La deuxième est munie d'un filtrage par la moyenne locale, d'un seuillage, puis d'un filtrage final de Sobel ; La troisième est une combinaison du gradient et l'atténuation par rapport au fond de l'image transformée par un filtre passe bas, les contours des nappes sont ensuite soumis à une série de filtres morphologiques pour générer les signatures correspondantes ; La quatrième est une approche de segmentation multiéchelle [112, 111] qui sera décrite dans la suite. Une analyse sur un extrait ASAR du satellite ENVISAT, acquise à la suite du naufrage du pétrolier *Prestige*, dévoile le caractère sévère des trois premières en faveur de la quatrième qui, en trois classes, met en exergue une couche de conflit entre les nappes d'hydrocarbures et la surface non polluée de la surface de la mer.

La méthode de segmentation non supervisée de *Galland et al.* [52] utilise quant à elle le principe de la longueur de description minimale, en anglais *minimum description length* (MDL) basée sur une partition déformable (grille polygonale) des régions homogènes de l'image. L'extraction des nappes consiste alors à l'estimation du nombre de régions, du nombre de nœuds attachés à chacune d'elle et de la localisation des dits nœuds. En 2005, *Mercier et al.* développent une approche de segmentation basée sur la séparation par valorisation de marche (SVM) [113, 114] qui conduit à une amélioration notable des résultats issus des méthodes classiques.

Ces méthodes de segmentation consistent à classifier les pixels de l'image en exploitant leur similarité à travers un ou plusieurs attributs. Celles ne prenant en compte qu'un seul attribut sont dites *monodimensionnelles*, celles basées sur plusieurs attributs sont qualifiées de méthodes *multidimensionnelles*. Les méthodes monodimensionnelles reposent sur l'exploitation de l'histogramme qui caractérise la distribution des niveaux de gris. Quand cette distribution est d'ordre k, la méthode déployée est dite *statistique d'ordre k*. Ainsi, on parlera de méthodes du premier ordre pour désigner l'usage de l'histogramme du premier ordre, de méthodes du second

4.3. DÉTECTION DES NAPPES D'HYDROCARBURES

ordre pour faire référence à l'histogramme du second ordre, et ainsi de suite ... Les méthodes multidimensionnelles, quant à elles, reposent sur plusieurs histogrammes à la fois. Elles utilisent les algorithmes d'analyse des données. Et lorsqu'elles exploitent plusieurs échelles de l'information de base, elles deviennent *spécifiques* et sont tout simplement dites *multiéchelles*. En ce qui concerne l'image RSO de la surface de l'océan, les échelles structurelles des composantes la constituant, sont en général générées par une décomposition pyramidale adéquate de l'observation principale. Les techniques de détection sont ainsi classifiées dans deux tendances : Les approches statistiques et les techniques multiéchelles. Dans les paragraphes qui suivent, nous en décrivons les plus pertinentes par les performances rendues.

4.3.2 Modèles statistiques

4.3.2.1 Méthodes basées sur le seuillage

Les Méthodes de seuillage sont les approches d'analyse statistiques monodimensionnelles. Le seuillage a pour objectif de segmenter une image en plusieurs classes en n'utilisant que l'histogramme de l'image. On en distingue trois catégories : le seuillage global, le seuillage local et le seuillage dynamique. Lorsque le seuil afférent n'est pas global, c'est à dire, n'est pas issu de l'histogramme de l'image entière, mais des histogrammes locaux à chaque site, on parlera alors de seuillage *adaptatif.*

Nous avons vu (chapitre 3) que la présence des nappes d'hydrocarbures à la surface de l'océan en modifie les caractéristiques. Les nappes atténuent sensiblement la rugosité à la surface, alors responsable de la rétrodiffusion locale. Par conséquent, elles se caractérisent par un déficit d'énergie rétrodiffusée et apparaissent dans l'image comme des régions à faibles intensités. Pour mettre en exergue ces régions, on a recours à la technique de seuillage.

Pour celà, l'image est représentée dans la théorie des probabilités, le seuillage y appliqué est alors basé sur un modèle probabiliste associé à la théorie Bayésienne de la décision [32]. Ainsi, le problème de la détection des nappes se ramène à l'appartenance binaire d'une donnée $f(s)$ au site s de l'image soit à la nappe (N), soit à la mer non polluée (M). Si on appelle Ω la variable aléatoire binaire associée à la classe, X celle associée à la donnée, et en considérant *a priori* l'équiprobabilité des classes ($P(\Omega = N) = P(\Omega = M)$), on compare les probabilités $P(X = f(s)|\Omega = N)$ et $P(X = f(s)|\Omega = M)$ par rapport à un seuil T_0 fixé pour assurer un faible taux de fausses alarmes à la détection des nappes. Pour l'adapter à son voisinage, le seuillage est précédé par un traitement local pour éviter de prendre en compte le bruit. En général, un filtrage par la mesure de l'espérance locale est suffisant pour éliminer le bruit additif.

Pour détecter les nappes d'hydrocarbures dans les images RSO, le seuillage a été appliqué sous diverses formes. Le seuillage global, c'est à dire celui sur l'intensité (SI) conduit à une bonne localisation des nappes d'hydrocarbures, mais celles-ci s'accompagnent de fausses alarmes dans le fond de l'image [111], ce qui participe à biaiser toutes mesures susceptibles d'être extraites sous le masque des signatures. Le seuillage adaptatif à l'intensité, basé sur la recherche de la bimodalité des histogrammes construits dans des fenêtres de 25×25 pixels, est appliqué aux images RSO du satellite ERS-1 [13, 138]. Elle y est décrite comme une bonne méthode de détection, mais elle est limitée par son incapacité à détecter les structures filiformes. Le seuillage adaptatif est repris par *Solberg et al.* [142, 144, 143, 141, 145] avec un seuil estimé à quelques l décibels en dessous de la moyenne locale dans la fenêtre 100×100 pixels, l étant déduit à partir de la vitesse local du vent. La méthode est appliquée aux images de ERS, de ENVISAT et RADARSAT. Elle conduit en général à des résultats intéressants, mais le problème de détection de nappes filamentaires persiste conduisant les auteurs à des combinaisons d'opérateurs pas toujours cohérents. Dans [55], le seuillage est fondé sur deux opérateurs de filtrage morphologique[3] $\sigma_{th}^{(B)}$ et $\sigma_{th}^{(R)}$ tels que :

$$\sigma_{th}^{(B)}(s) = \phi_B\left(\gamma_B\big(f(s)\big)\right) \tag{4.5}$$

$$\sigma_{sp}^{(R)}(s) = \wedge\left[\phi_{d_1}\left(\gamma_R\big(f(s)\big)\right), \cdots, \phi_{d_n}\left(\gamma_R\big(f(s)\big)\right)\right] \tag{4.6}$$

Où $f(s)$ est l'intensité de l'image au site s, ϕ_B et γ_B sont respectivement les opérateurs de fermeture et d'ouverture morphologiques d'élément structurant B (11×11 pixels), R est de dimension 3×3, $\wedge[\star]$ est le minimum de $\star$, d_i est un élément structurant directionnel, n le nombre de directions considérées. Et la segmentation se réduit à la condition $\sigma_{th}^{(R)} < \sigma_{th}^{(B)}$. Les nappes sont détectées avec difficulté, le compromis entre les fausses alarmes et l'information est difficilement perceptible.

On en déduit qu'en général, le seuillage adaptatif basé uniquement sur l'intensité de l'image, a des difficultés à détecter les structures fines, et par conséquent, il est moins sensible aux nappes soumises à une forte agitation de la surface de la mer. Il localise mieux le cœur des nappes et a tendance à ronger ses bords (figure 4.2) lorsqu'il est soutenu par les opérateurs de filtrage. Et quand ce n'est pas le cas, il génère de nombreux fausses alarmes. Ses principaux atouts sont la rapidité et la simplicité de sa mise en œuvre.

---

[3]. Un développemment complet des notions de morphologie mathématique sera fait au chapitre 5.

4.3. DÉTECTION DES NAPPES D'HYDROCARBURES

4.3.2.2 Minimisation de la complexité stochastique

La minimisation de la complexité stochastique [4] (MCS) [52] est une méthode de partition des données d'images en régions homogènes, basée sur des concepts conjugués de la théorie de l'information et de l'estimation statistique. Elle prend source dans la théorie de la longueur de description minimale, en langue anglaise, *minimum description length* (MDL). Elle est utilisée dans le cadre des contours actifs statistiques, et plus précisément d'une grille active statistique.

Le cadre de représentation de l'image RSO de la surface de l'océan, notée I de niveau de gris $f_I(s)$ du pixel s parmis N, est défini par la théorie des probabilités. Cette image est considérée se munir de R régions Ω_r ($1 \leq r \leq R$) dont les pixels sont distribués selon la même densité de probabilité P_r (ddp). On suppose que les distributions appartiennent à la même famille et ne diffèrent que par le vecteur de paramètres qui, pour les lois gaussiennes, correspond à $\theta_r = (m_r, \sigma_r)$, respectivement moyenne et écart type de la région correspondante Ω_r. On écrit alors $P_r = P_{\theta_r}$. La partition de l'image est décrite par la fonction de partition $w(s)$ qui prend ses valeurs dans $\{1, 2, \cdots, R\}$ de la façon suivante :

$$s \in \Omega_r \Leftrightarrow w(s) = r \qquad (4.7)$$

En considérant le symbole de Kronecker $\delta(i,j)$, on peut écrire :

$$f_I(s) = \sum_{r=1}^{R} a_r(s) \cdot \delta\bigl(w(s), r\bigr) \qquad (4.8)$$

$a_r(s)$ est une variable aléatoire distribuée selon P_{θ_r}. Il est donc question de trouver la fonction de partition w la plus adaptée à l'image pour pouvoir la partitionner. Mais il faut au préalable trouver la complexité stochastique de cette image munie de la partition w.

Nous noterons $\Theta = (\theta_r)_{r \in \{1,2,\cdot,R\}}$, l'ensemble de ces R vecteurs de paramètres. La complexité stochastique de $f_I(s)$ associée à la partition w et aux R modèles définis par les R ddp de paramètres Θ, est :

$$\Delta[f_I(s), w, \Theta] = \Delta_G(w) + \Delta_P(\Theta|w) + \Delta_L[f_I(s)|\Theta, w] \qquad (4.9)$$

où $\Delta_G(w)$ et $\Delta_P(\Theta|w)$ sont les deux termes de régularisation relatifs au codage du modèle associés à la partition w et $\Delta_L[f_I(s)|\Theta, w]$ le terme d'attache aux données image connaissant le modèle. La partition w est décrite à l'aide d'une grille polygonale constituée de k nœuds reliés entre eux par p segments délimitant les R régions. Le terme de codage de la grille est alors défini par :

---

[4]. La Complexité stochastique est une approximation de la plus petite longueur de code mesurée en *bits*, nécessaire pour décrire une image.

$$\Delta_G(w) = n(\log N + \log p) + \log p + p\big(2 + \log(2\hat{m}_x) + \log(2 + \hat{m}_y)\big) \qquad (4.10)$$

Dans cette équation, n est le nombre minimal de fois où il faut lever le crayon pour parcourir la grille sans repasser deux fois par le même segment, $\hat{m}_x$ la longueur moyenne mesurée en pixels de la projection horizontale des segments de la grille et $\hat{m}_y$ la longueur moyenne correspondante de la projection verticale. En considérant α la dimension du vecteur de paramètres θ_r — $\alpha = 1$ pour une loi gamma (moyenne), $\alpha = 2$ pour une gaussienne (moyenne et variance) — et N_r le nombre de pixels de la région Ω_r, le terme de codage des paramètres pour toutes les régions est estimé par :

$$\Delta_P(\Theta|w) = \sum_{r=1}^{R} \frac{\alpha}{2} \log N_r \qquad (4.11)$$

Enfin, la quantité d'information nécessaire pour coder l'ensemble des niveaux de gris situés dans chacune des régions Ω_r ($r = 1, 2, \cdots, R$) est calculée par le code optimal au sens de la théorie de la communication de Shannon. Le terme correspondant pour le codage des données est donc :

$$\Delta_L[f_I(s)|\Theta, w] = \sum_{r=1}^{R} \sum_{s \in \Omega_r} \log \left\{ P_{\theta_r}\big(f_I(s)\big) \right\} \qquad (4.12)$$

$\Delta_L[f_I(s)|\Theta, w]$ est finalement estimé par la log-vraisemblance généralisée d'équation :

$$\Delta_L[f_I(s)|\Theta, w] = \sum_{r=1}^{R} -L \sum_{r=1}^{R} N_r \log \hat{\theta}_r + K \qquad (4.13)$$

Dans cette équation, L est l'ordre de la distribution Gamma correspondant au nombre de vues utilisées pour atténuer le speckle dans l'image RSO, K est une constante indépendante de la partition et $\hat{\theta}_r$ l'estimée de la moyenne des intensités de la région de rang r. La meilleure partition w^{MCS} de l'image est celle qui permet de minimiser la complexité stochastique $\Delta[f_I(s), w, \Theta]$, soit :

$$w^{MCS} = argmin \, \Delta[f_I(s), w, \Theta] \qquad (4.14)$$

Pour déterminer w^{MCS}, l'optimisation procède par une estimation alternative du nombre et de la topologie des régions, du nombre de nœuds k et de la position des nœuds. Le nombre et la topologie des régions sont obtenus par fusion des régions. Deux régions munies d'un segment en commun Ω_i et Ω_j seront réunies si leur fusion provoque une diminution de la complexité stochastique, c'est à dire, si $\Delta[f_I(s), w', \Theta] < \Delta[f_I(s), w, \Theta]$, w et w' étant respectivement les partitions avant et

4.3. DÉTECTION DES NAPPES D'HYDROCARBURES

après la fusion. Le procédé correspond alors à un test similaire à un rapport de vraisemblance généralisé avec un seuil déterminé à l'aide de la complexité stochastique. La position des nœuds est obtenue par déplacement des nœuds dont le processus consiste également à diminuer la complexité stochastique. Le nombre de nœuds k est estimé par suppression des nœuds. La méthode de suppression consiste à parcourir, un à un, les nœuds reliés à seulement deux autres nœuds et à le supprimer si sa disparition génère une diminution de la complexité stochastique.

Appliquée aux images RSO de la surface de l'océan pour la détection des nappes d'hydrocarbures [52], l'approche par minimisation de la complexité stochastique génère des résultats impéccables. Chaque nappe est isolée du reste de la surface observée par le satellite ENVISAT, celle non polluée est démunie de fausses alarmes. Au delà de sa robustesse, la MCS traîne un petit inconvénient qui lui est particulier. Les nappes détectées ont des bords aigus et tranchants. Quand on sait que les bords des hydrocarbures à la surface de l'eau présentent un comportement émulsif *de gouttes*, on est en droit de penser que la MCS traduit une extrapolation morphologique des nappes aux frontières. Cette défaillance pourrait participer à une mesure erronée des attributs liés à la texture des régions à caractériser.

4.3.3 Modèles de détection multiéchelle

4.3.3.1 Représentation multiéchelle de l'image

4.3.3.1.1 Décimation moyenne 2×2 Le principe d'une transformation pyramidale est présenté au chapitre 6. La structure multiéchelle sur laquelle repose l'algorithme FCM [6, 5] est générée par une pyramide classique fondée sur l'itération d'un filtre classique et d'un échantillonnage. Le filtrage est assuré par un opérateur *Identité*, et par conséquent, il n'y a pas de détails dus au filtrage. Pour changer la résolution, l'image "filtrée" est échantillonnée par un pas de taille deux et de forme carrée. La décimation moyenne est ensuite réalisée, elle consiste à garder la moyenne des 2×2 pixels selon l'expression :

$$f_{IF}^{(j+1)}(x,y) = \sum_{p=0}^{1}\sum_{q=0}^{1} \left(\frac{1}{4} f_{IF}^{(j)}(2x+p, 2y+q)\right) \quad (4.15)$$

Dans (4.15), $f_{IF}^{(j)}(x,y)$ est la valeur de la radiométrie de l'image filtrée IF à l'échelle de transformation j au site s quelconque de coordonnées (x,y).

4.3.3.1.2 Représentation par ondelettes continues Une transformée par ondelettes est gouvernée par son ondelette mère. Le choix de cette dernière dépend évidemment de l'application en vigueur. En ce qui concerne la détection des nappes d'hydrocarbures [113], la fonction de base ψ est définie comme un opérateur différentiel multiéchelle, noté $-\frac{\partial v}{\partial x}$, pour caratériser le spectre de vagues à la surface observée de la mer. L'opérateur de la transformée en ondelettes $W_f^{(j)}$ d'un signal à une dimension f correspond donc à :

$$W_f^{(j)}(b,a) = a^j \frac{\partial^{(j)}}{\partial b^{(j)}} (f \star v_a)(b) \tag{4.16}$$

Dans cette expression, $f \star v_a$ correspond à une moyenne de f dans un domaine a, j le niveau de décomposition $(j = 0, 1, \cdots (p-1))$. Avec un tel opérateur différentiel multiéchelle, toutes les singularités d'un signal sont détectées en suivant les modèles maxima d'ondelettes dans les échelles les plus fines. Le spectre de vagues se déploie dans un espace à deux dimensions. Et pour le décrire dans les images RSO, une ondelette par produit séparable de deux ondelettes monodimensionnelles dyadiques (ψ_H, ψ_V) est définie. Leur transformée de Fourier [113] donne naissance à des coefficients de filtres passes-bas correspondant à une B-spline. Finalement, la décomposition d'une observation f conduit à une pyramide d'images, deux à deux, de coefficients d'ondelettes $\Psi_H^{(j)}$ et $\Psi_V^{(j)}$ représentant les détails issus des ondelettes *horizontale* et *verticale* à l'échelle j (relations (4.17) et (4.18)), et son approximation $\Upsilon^{(p)}$ à l'échelle p (relation (4.19)), telles que $(j = 0, 1, \cdots, (p-1))$:

$$\Psi_H^{(j)} = f \star \psi_H(2^{-j}x, 2^{-j}y) \tag{4.17}$$

$$\Psi_V^{(j)} = f \star \psi_V(2^{-j}x, 2^{-j}y) \tag{4.18}$$

$$\Upsilon^{(p)} = f \star v(2^{-(p-1)}x, 2^{-(p-1)}y) \tag{4.19}$$

L'image de basses fréquences $\Upsilon^{(p)}$ est caractérisée par des lois provenant du système de Pearson constitué de 8 familles de lois et offrant une très large variétés de formes. Chacune peut être caractérisée par le moment non centré du premier ordre $\mathcal{M}_1$ et les trois premiers moments centrés $\widetilde{\mathcal{M}}_k$ ($k = 1, 2, 3$). Les familles sont représentées dans le diagramme de Pearson d'axes (β_1, β_2), avec $\beta_1 = \widetilde{\mathcal{M}}_2^2 / \widetilde{\mathcal{M}}_1^3$ (dissymétrie mise au carré) et $\beta_2 = \widetilde{\mathcal{M}}_3 / \widetilde{\mathcal{M}}_1^2$ (applatissement). Grâce à ces caractéristiques, la densité de probabilité des échantillons est déterminée dans ces familles.

Les images de haute fréquence sont, quant à elles, caractérisées par la famille des lois Gaussiennes généralisées d'expression :

$$p(s) = \frac{\beta}{2\alpha\Gamma(\frac{1}{\beta})} e^{-\left(\frac{|s-\mathcal{M}_1|}{\alpha}\right)^\beta} \tag{4.20}$$

Dans cette équation, $\Gamma(\cdot)$ est la fonction Gamma, $\mathcal{M}_1$ la moyenne, α un paramètre de la variance, β un paramètre de forme. L'estimation de ces paramètres est

4.3. DÉTECTION DES NAPPES D'HYDROCARBURES

faite par maximisation de la fonction log-vraissemblance.

4.3.3.2 Méthodes d'analyse des données multiéchelles

4.3.3.2.1 Modèles flous L'image est méticuleusement modélisée par la théorie des possibilités, et particulièrement par la théorie des ensembles flous. L'algorithme est donc fondé sur la recherche d'une partition floue de l'image par la minimisation de la fonction objective définie par :

$$J_m(U,V) = \sum_{i=1}^{N} \sum_{c=1}^{C} (\mu_{ci})^m \cdot \|f_{IF}^{(j)}(s_i) - \nu_c\|^2 \quad (4.21)$$

Dans cette relation, $f_{IF}^{(j)}(s_i)$ représente une donnée, $\nu_c \in V$ un barycentre correspondant à la classe C_c, $\mu_{ci} \in U$ une fonction d'appartenance du pixel s_i à la classe ν_c, $m > 1$ un exposant de pondération qui décrit le caractère flou des différentes classes de l'image. La classification floue est alors appliquée à la structure pyramidale obtenue précédemment. La segmentation des cellules de l'image est décidée par seuillage hiérarchique (de seuil T) de la fonction d'appartenance de la plus grande à la la plus petite résolution de la pyramide, selon la règle suivante :

$$max\{\mu_{1i}, \mu_{2i}, \mu_{3i}, \cdots, \mu_{Ci}\} \geq T \quad (4.22)$$

Étant donné que le nombre de classes n'est pas défini *a priori*, C est automatiquement déduit du calcul du coéfficient de partition donné par :

$$F(U,C) = \frac{1}{N} \sum_{i=1}^{N} \sum_{c=1}^{C} (\mu_{ci})^2 \quad (4.23)$$

Ce paramètre est implémenté pour diverses valeurs de C jusqu'à la valeur optimale.

Particulièrement pour les images RSO, la variation du niveau de gris est très importante. Au point où, même les régions identifiables, comme l'eau de mer épargnée de pollution, sont distribuées dans plusieurs classes. Le nombre de classes généré étant alors important, il faut les connecter les unes les autres. Le critère de fusion des classes procède par identification photo interprétée des contours des nappes extraits par l'opérateur de Sobel seuillé sur l'image filtrée.

L'algorithme FCM [5, 6], tel qu'appliqué à la détection des nappes d'hydrocarbures, cherche à améliorer la détection du déficit d'énergie rétrodiffusée causée par la présence des nappes d'hydrocarbures à la surface de l'océan. Elle procède d'abord au filtrage adaptatif pour la réduction du speckle, et à la décomposition multiéchelle de l'image par décimation 2 × 2. Pour le filtrage, diverses techniques sont alors comparées et celle de *Kuan* et le filtre *Sigma* produisent de meilleurs résultats. Ensuite vient la classification c-moyenne floue pour une segmentation préliminaire de l'image ainsi que la fusion des régions pour réduire le nombre important de classes révélé par la classification.

Le meilleur des résultats, notamment pour un filtre Sigma, a produit un taux de détection des nappes de 90,2%, un taux de détection des eaux non polluées de 98,7%, soit une précision de la segmentation de 94,5%. Ces données conduisent à une probabilité de fausses alarmes de 1,3%. La segmentation des nappes est légèrement améliorée et le temps d'exécution du programme court du fait de la diminution du nombre de pixels due à la structure hiérarchique de l'image. Mais, les images résultantes dévoilent un taux de fausses alarmes (figure 4.2) qu'il ne faut surtout pas négliger.

4.3.3.2.2 Modèles de Chaîne de Markov Cachée Dans le cadre des données vectorielles de dimension M issues de la décomposition multiéchelle [111], la taille des chaînes correspond au nombre N de sites d'une composante j des M images disponibles. Pour chaque composante j ($0 < j < M + 1$), la séquence de données correspond aux valeurs $f^{(j)}(s_i) = f_i^{(j)}$ ($0 < i < N + 1$) de l'image. On considère alors que chaque image f_i est la réalisation d'un vecteur aléatoire Y_i, que l'espace de décision D est constitué de c classes C_k ($k = 1, 2, \cdots, c$). Il faut alors estimer une réalisation x du processus caché markovien et stationnaire $X = (X_1, X_2, \cdots, X_N)$ en considérant les hypothèses, (1) d'indépendance conditionnelle des vecteurs aléatoires Y_i avec X, (2) d'égalité de la distribution de Y_i conditionnellement à X à celle conditionnelle à X_i, (3) de dépendance des composantes $Y_i^{(j)}$ du vecteur aléatoire Y_i.

Les paramètres du modèle sont estimés pour le calcul des probabilités *a priori* $p(C_k)$ et les probabilités $p(C_k|C_l)$ de la matrice de transition de X. Les paramètres d'attache aux données sont estimés sous la forme de c densités de probabilité $\xi_{C_k}(f_i)$ correspondant à la probabilité $p(Y_i = f_i|X_i = C_k)$. L'estimation des lois au cas des données vectorielles est assurée par l'algorithme ICE. Les données n'étant pas supposées indépendantes, les paramètres de la loi d'attache aux données multidimensionnelles ξ_{C_k} pour les données, notées $g_i^{(j)}$, de $f_i^{(j)}$ qui appartiennent à C_k, sont estimés par l'utilisation de l'Analyse en Composantes Principales dont le principe est de décorréler les données pour arriver à la forme :

$$\xi_{C_k}(g_i) = |detQ| \prod_{j=1}^{M} \zeta_{C_k}^{(j)}(h_i^{(j)}) \qquad (4.24)$$

Celà suppose qu'il existe une matrice Q telle que les données $h_i = Qg_i$ soient

4.3. DÉTECTION DES NAPPES D'HYDROCARBURES

décorrélées. $\zeta_{C_k}^{(j)}$, $0 < j < M+1$, sont les lois monodimensionnelles estimées grâce aux données décorrélées h_i.

L'application de ce modèle dans la segmentation des nappes d'hydrocarbures est faite par l'algorithme MOSS [111]. C'est une approche non supervisée d'abord basée sur une représentation multiéchelle de l'image par l'usage des ondelettes, puis sur une segmentation par Chaîne de Markov Cachée (CMC) multicomposante. Définie comme un opérateur différentiel multiéchelle, la transformée par ondelettes continues permet de caractériser la structure locale du spectre de vagues de la surface de la mer. L'observation multicomposante dispose alors d'une image de basse fréquence, de p images de haute fréquence issues de l'ondelette horizontale et de p autres détails de haute fréquence de l'ondelette verticale, soient $M = 2p+1$ images additionnelles pouvant reconstituer l'image d'origine. Les coefficients sont caractérisés par des lois décrites et l'observation vectorielle est ensuite segmentée par la théorie des CMC au cadre vectoriel dérivé.

Grâce à cette forme de caractérisation du spectre à la surface de la mer, la méthode produit visiblement une bonne détection des signatures de nappes sans fausses alarmes majeures dans le fond de l'image. Soumise à une segmentation à trois classes, elle génère, certe avec un peu moins de précision, une classe de conflit où plane l'incertitude entre les nappes d'hydrocarbures et l'eau non polluée de l'océan (figure 4.2). Dans certains cas, cette zone ambiguë de l'image s'identifie tout simplement à une zone de mer vierge de pollution.

Seulement, la méthode est très lente. Par conséquent et du point de vue opérationnel, elle est moins adaptée à une surveillance satellitaire en temps réel, étant entendu que les images délivrées par les satellites sont de grandes tailles. D'autre part, les points brillants de forte luminance présents sur certaines images, représentant les plate-formes ou les bateaux, sont gênants pour la caractérisation statistique des coefficients d'ondelettes et dégradent les résultats de la détection des nappes.

4.3.3.2.3 Modèles de séparation par valorisation de marge

Les méthodes par séparation par valorisation de marge, en anglais *Support Vector Machines* (SVM), [113, 114] sont une classe d'algorithmes d'apprentissage dont le but est de modéliser un phénomène à partir de la seule observation d'un certain nombres de couples entrée-sortie $\{(x_i, y_i) : i = 1, 2, \cdots, N\}$. On considère alors un couple (X, Y) de variables aléatoires à valeurs dans $\mathcal{X} \times \mathcal{Y}$. Le SVM, quand il est linéaire, est un classificateur dont la fonction de décision F s'exprime sous une forme linéaire en x de l'espace d'entrée $\mathcal{X}$ (ensemble des objets à classer) vers l'espace d'arrivée (ensemble des classes) :

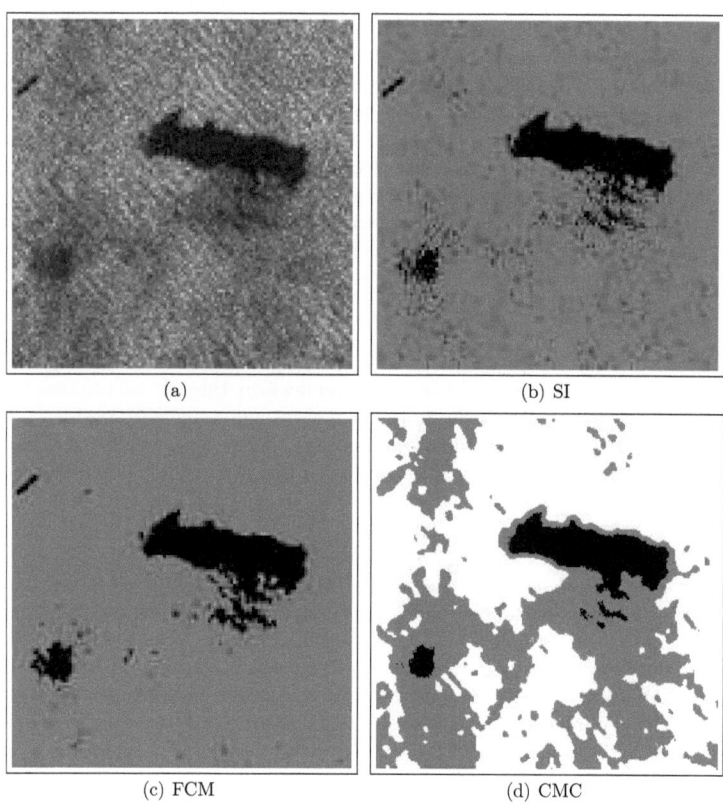

FIGURE 4.2 – Résultats issus de quelques approches usuelles de détection des nappes d'hydrocarbures. a : *Image originale du littoral Camerounais, au large de Douala.* b, c, et d : *Images des signatures des nappes. Pour la CMC, mise en évidence de la région de conflit dans l'image segmentée à trois classes, région difficile à caractériser et à extraire.*

4.3. DÉTECTION DES NAPPES D'HYDROCARBURES

$$F(x) = <w,x> + b$$
$$= \sum_{i=1}^{N} \omega_i x_i + b \tag{4.25}$$

F est choisie telle que la probabilité $P(F(X) \neq Y)$ soit minimale. Dans l'équation précédente, $\omega \in \mathbf{R}^n$ et $b \in \mathbf{R}$ sont des paramètres et $x \in \mathbf{R}$ une variable. En général, $\mathcal{Y} = \mathbf{R}$. Lorsque $\mathcal{Y}$ est fini ($|\mathcal{Y}| = m$), l'apprentissage est dit à m classes. À $m = 2$, la classification est binaire et $\mathcal{Y} = \{-1, +1\}$. La classe d'échantillon $\hat{x}$ sera alors donnée par le signe de la fonction de décision : $y = sgn(F(\hat{x}))$. Géométriquement, celà revient à considérer un hyperplan qui est le lieu des points x satisfaisant à l'équation $<w,x> + b = 0$. Les vecteurs x qui ne sont pas situés sur l'hyperplan sont régit par $<w,x> + b < 0$, ou alors $<w,x> + b > 0$. Le *support vector* (en langue anglaise) se trouve sur deux hyperplans canoniques d'équations $<w,x> + b = \pm 1$, de marque $\frac{1}{\|\omega\|}$ et parallèles à l'hyperplan optimal. La marge fonctionnelle d'un exemple x_i par rapport à l'hyperplan caractérisé par ω et b est la quantité $y_i(<w,x_i> + b)$. b permet de translater l'hyperplan parallèlement à lui même, ω est perpendiculaire à l'hyperplan et définit sa pente. La classification par SVM est un problème d'optimisation mathématique par maximisation de la marge tel que sa solution nous fournisse l'hyperplan optimal. Soit :

$$Min\left\{\frac{1}{2}\|\omega\|^2\right\} \quad tel \ que \quad y_i(<w,x_i> + b) \geq 1 \quad avec \quad i = 1, 2, \cdots, N \tag{4.26}$$

Il s'agit d'un problème quadratique dont la fonction objective est minimisée. Si les échantillons ne sont pas linéairement séparables, un terme de régularisation C est introduit dans (4.26) pour former son Lagrangien grâce aux multiplicateurs de Lagrange α_i et aux conditions *Karush Kuhn et Tucker* statuant sur l'optimalité d'une solution, par :

$$Min\left\{\frac{1}{2}\sum_{i=1}^{N}\alpha_i - \frac{1}{2}\sum_{i,j=1}^{N} y_i y_j \alpha_i \alpha_j <x_i,x_j>\right\} \quad tel \ que \quad \sum_{i=1}^{N}\alpha_i y_i = 0 \tag{4.27}$$

$0 \leq \alpha_i \leq C$ et $i = 1, 2, \cdots, N$. À partir de (4.27), le vecteur ω est calculé à moindre coût, b est estimé à l'aide des variables primales. La fonction de décision du classificateur est alors disponible :

$$F(x) = \sum_{i=1}^{N} \alpha_i y_i <x,x_i> + b \tag{4.28}$$

Lorsque les données ne sont pas linéairement séparables, ce qui est le plus souvent le cas, on pourrait utiliser une fonction de décision non linéaire. Géométriquement, celà reviendrait à avoir une *hypercourbe* qui marquerait la frontière entre les données positives et celles négatives. Cette approche est difficile à mettre en œuvre et l'idée retenue par la SVM est de projeter le problème de l'espace d'entrée $\mathcal{X}$ vers un nouvel espace $\mathcal{E}$ (*feature space*) par un mapping Φ, de dimension supérieure à celle de l'espace d'origine, et où les données seraient alors linéairement séparables. Dans $\mathcal{E}$, les produits scalaires $< x_i, x_j >$ sont remplacés par $< \Phi(x_i), \Phi(x_j) >$ dans l'équation (4.27). On peut y définir une mesure de similarité $k(x, z) = < \Phi(x), \Phi(z) >$, nommée *fonction kernel*. La fonction de décision du classificateur non linéaire, à N_s support vectors s_i, devient alors :

$$F(x) = \sum_{i=1}^{N_s} \alpha_i y_i k(x, s_i) + b \qquad (4.29)$$

L'algorithme SVM est conçu à la base pour resoudre des problèmes de classification binaire. Il s'adapte ensuite à une classification à m classes ($m \geq 3$) en procédant par $\frac{m(m-1)}{2}$ classificateurs binaires. Plusieurs kernels usuels ont été testés pour la détection des nappes d'hydrocarbures et deux ont produit des résultats satisfaisants par le taux de fausses alarmes réduit observé. Il s'agit du kernel polynomial $k(x, s_i) = (< x, s_i > +1)^p$ et du kernel sigmoidal $k(s_i, x) = \tanh(< x, s_i > +1)$. Ces derniers peuvent être composés avec le kernel de texture désigné comme étant :

$$k(x, y) = e^{-\left(1 - \mathcal{B}(p_x, p_y)\right)} \qquad (4.30)$$

Où $\mathcal{B}$ ($\in [0, 1]$) représente la distance de Bhattacharyya entre deux vecteurs x et y définis respectivement par les probabilités p_x et p_y selon une distribution gaussienne de Q mesures multiéchelles issues de l'observation par RSO du spectre de vagues de la surface de l'océan. Elle est définie par :

$$\mathcal{B}(p_x, p_y) = \prod_{q=0}^{Q-1} \int \sqrt{p_{x_l}(u) p_{y_l}(u)} du \qquad (4.31)$$

Ces différents kernels remplissent les conditions de Mercer et leur composition linéaire deux à deux (ici, k_a et k_b) conduisent à l'expression :

$$k(x, x_i) = \lambda k_a(x, x_i) + (1 - \lambda) k_b(x, x_i) \qquad (4.32)$$

Finalement, pour être appliquée à la détection des nappes, la méthode décrite de la SVM [113, 114] se déploie par une L-décomposition en ondelettes de l'image RSO qui conduit à un vecteur de $2L + 1$ composantes. Dans un deuxième temps, elle est généralisée pour M classes. Elle est appliquée $\frac{M(M-1)}{2}$ fois pour chacune des paires de classes. Elle est testée dans les images RSO des satellites ERS-2 et ENVISAT immortalisant le nauffrage du pétrolier *Prestige* sur la côte de l'Espagne. Les résultats en image sont visiblement acceptables mais ils sont marqués par la présence de quelques fausses alarmes dues certainement à une perturbation atmosphérique. En outre, les nappes filiformes, difficiles à détecter, apparaissent segmentées malgré la houle en surface. Elles sont par ailleurs discontinues, ce qui ne traduit pas fidèlement la vérité du terrain. Le temps de calcul par contre se trouve amélioré par rapport aux modèles décrits précédemment des chaînes de Markov.

4.4 Classification des nappes d'hydrocarbures

Selon la méthodologie de traitement (figure 4.1), l'étape de la caractérisation est indispensable pour la classification des nappes. Deux catégories d'informations sont alors extraites pour la cause : les caractéristiques issues de l'analyse directe sur l'image et sur la signature détectée ; et les informations auxiliaires émanant de l'analyse contextuelle, c'est-à-dire les données indiquant les conditions atmosphériques et océaniques qui auront accompagné l'acquisition des images étudiées. La prise de décision procède ensuite par l'analyse et la combinaison de l'ensemble constitué par les caractéristiques associées à la cible et des informations auxiliaires.

4.4.1 Caractérisation des nappes d'hydrocarbures

La caractérisation peut être vue sous deux aspects, la caractérisation qualitative sur les zones détectées [4, 7, 11, 10, 55] et celle quantitative sur le signal image [102]. Celle des nappes d'hydrocarbures est perçue ici selon le premier point de vue. L'analyse directe fournit alors les attributs géométriques sur la signature détectée pour en connaître ses dimensions et sa forme. Parmi celles-ci, on peut citer entre autres, l'élongation définie comme le rapport de la largeur sur la longueur [55], la surface, le périmètre, la complexité. Les mesures de texture ainsi que les caractéristiques physiques sont également extraites de l'image étudiée sous le masque de la signature détectée. Les matrices de cooccurrence sont explorées dans [4] et à l'issue de cette étude, l'homogénéité et le second moment angulaire sont favorables à une discrimination des nappes d'hydrocarbures. D'autre part, la dimension fractale [7] de la cible produit 2,15 et celle de la surface de la mer non polluée 2,45 dans une image du satellite ERS-1, avec un écart type du bruit estimé à 0,07 et en considérant que les conditions du vent sont telles que le contraste entre les deux régions est faible. Ces derniers résultats constituent également un atout. Diverses autres mesures sont considérées : la distance par rapport à une source potentielle de pollution, le nombre de tâches repérées dans la scène et autour de la nappe principale, les valeurs de la moyenne par région, les statistiques du contraste par région, les valeurs de gradient par région. La grande majorité de ces caractéristiques sont utilisées dans les travaux de mise en œuvre de la classification des nappes, notamment dans [40], [42] et [143].

En 2004, *Bertacca et al.* developpent une nouvelle approche spectrale qui a permis de discriminer les nappes d'hydrocarbures des surfaces de vent faible dans les images RSO [11, 10]. La technique est basée sur le modèle FARIMA (désignée en anglais *Fractionally integrated autoregressive-moving average*). Elle repose sur l'estimation de la densité spectrale de puissance (DSP) radiale moyenne pour décrire les signatures anormales désignées et présentes dans les images des satellites ERS-1 et ERS-2 des mers Méditérranée, du Nord et de l'océan Atlantique.

Les caractéristiques se resument par la liste des attributs disponible dans [15] et mise à jour ainsi qu'il suit :

1. Largeur de la nappe,
2. Longueur de la nappe,
3. Élongation de la nappe [55],
4. Aire de la nappe,
5. Périmètre de la nappe,
6. Rapport périmètre/aire de la nappe,
7. Complexité de la nappe,
8. Indice de propagation de la nappe,
9. Premier moment d'espace invariant de la nappe,
10. Dispersion des points autour de l'axe longitudinal de la nappe,
11. Écart type de la nappe,
12. Écart type de l'eau,
13. Maximum du contraste entre nappe et eau,
14. Moyenne du contraste entre nappe et eau,
15. Maximum du gradient des bords de la nappe,
16. Moyenne du gradient des bords de la nappe,
17. Écart type du gradient de la nappe,
18. Rapport des contrastes locaux,
19. Coefficient de variation de la nappe,
20. Homogénéité des contours de la nappe,
21. Surface équivalente radar normalisée moyenne de la nappe,
22. Surface équivalente radar normalisée moyenne de l'eau,
23. Gradient de la SER normalisée des bords de la nappe,
24. $Rapport_1$: Écart type de la nappe / Écart type de l'eau ,

4.4. CLASSIFICATION DES NAPPES D'HYDROCARBURES

25. $Rapport_2$: SER normalisée moyenne de la nappe / Écart type de la nappe,
26. $Rapport_3$: SER normalisée moyenne de l'eau / Écart type de l'eau,
27. $Rapport_4$: $Rapport_2/Rapport_3$,
28. $Rapport_5$: SER normalisée moyenne de la nappe / SER normalisée moyenne de l'eau,
29. Distance par rapport à une potentielle source de pollution,
30. Nombre de nappes dans l'image,
31. Nombre de nappes voisines,
32. Dimension fractale [7],
33. Homogénéité des matrices de cooccurrence [4],
34. Second moment angulaire des matrices de cooccurrence [4],
35. Densité spectrale de puissance radiale moyenne [11, 10].

4.4.2 Informations auxiliaires

L'analyse contextuelle consiste à intégrer dans cette thématique un ensemble d'informations complémentaires issues de l'environnement marin afin d'affiner la classification des signatures détectées. En effet, les travaux en laboratoire de la NERSC (*Nansen Environmental and Remote Sensing Center*) ont confirmé la pertinence de la similitude des signatures [64]. Par des mesures chimiques [37] et *in situ* de l'expérience COASTWATCH'95 faites sur la côte Norvégienne [38], il est rendu possible de discerner différentes signatures en utilisant le RSO. *Espedal et al.* [35] proposent de généraliser la caractérisation de tous les phénomènes atmosphériques et océaniques. Pour celà, diverses informations vont être disposées dans une carte : la hauteur significative des vagues, l'intensité et la direction du vent, ainsi que l'historique des vents [39] avant l'acquisition de l'image pour une évaluation de l'âge de la nappe. Le modèle CMOD4 [147] génère l'image des vents, les modèles hydrodynamique et électromagnétique EOM(*ERIM SAR Ocean Model*) donnent des indications relatives à la bathymétrie, à la propagation des nappes et à l'acquisition de l'image. L'apport de toutes ces informations est significative dans la classification des signatures. Pour plus d'informations, nous invitons le lecteur à se reporter au paragraphe 3.7 qui décrit les critères auxiliaires à la détection des nappes d'hydrocarbures à la surface de la mer.

4.4.3 Prise de décision

La classification des nappes se distingue sous deux aspects : la classification supervisée et celle non supervisée ou automatique. À cause du nombre important d'informations multi sources à gérer, la classification supervisée des nappes est le mode le plus usuel de discrimination utilisée jusqu'alors. Difficile à mettre en œuvre, la classification automatique quant à elle reste un objectif majeur quelque peu réussi.

L'une des premières initiatives [13] a consisté en une analyse des caractéristiques de la géométrie, du gradient, du contraste des nappes, puis de la classification par le maximum de vraisemblance. Les travaux en laboratoire de *Hovland et al.* proposent un modèle qui tient compte de l'expression de l'image, des profils de rétrodiffusion des différents thèmes et de la vitesse du vent [64]. Les paramètres extraits sont pondérés par des probabilités *à priori* à l'issue desquelles un modèle de classification semi automatique [143] est développé. Ce modèle est basé sur des fonctions de distribution des probabilités multivariables combinées à la règle des K-Plus proches Voisins. Les résultats obtenus sur 84 images RSO sont extraodinaires, soit une précision de classification de 94% pour les nappes d'hydrocarbures et de 99% pour les fausses alarmes. Dans [36], l'auteur se propose de réussir une classification de la plupart des phénomènes observables par le RSO : courants internes, polluants synthétiques, nappes en dérive, sillages de bateaux, sillages des courants, impacts de pluie, glace, tourbillons. Il procède par l'analyse directe, l'analyse contextuelle, l'utilisation des modèles électromagnétique et hydrodynamique et décide de la nature de la signature. Une toute autre approche sémi automatique basée sur les réseaux de neurone [19, 42] reçoit un vecteur de 11 paramètres géométriques et physiques en entrée. Le réseau utilisé est le MLP (*MultiLayer Perceptrons*), le traitement des données est assuré par le simulateur SNNS (*Stuttgart Neural Network Simulator*). À la sortie du réseau, se dévoilent les probabilités d'appartenance de la signature caractérisée, soit à l'hydrocarbure, soit à un phénomène autre. Bien qu'ayant produit de bons résultats, la méthode pourrait être optimisée par la prise en compte des contraintes liées à l'environnement marin, et notamment de la vitesse du vent en particulier. Et c'est en cette amélioration des résultats qu'a consisté les travaux de *Del Frate et al.* [43] en 2004. Dans [40], la section efficace de rétrodiffusion normalisée (NRCS) est estimée [91, 136] sur les images RSO, puis les probabilités d'appartenance de la signature sont déduites par le classificateur de Mahalanobis.

Malgré ces différents apports, une préoccupation persiste, celle d'associer d'avantage le contenu radiométrique de la nappe à la classification de sa signature, et au détriment des informations auxiliaires le plus souvent indisponibles et très coûteuses. C'est ainsi que les approches multiéchelles font surface. *De Maio et al.* [29] en exemple proposent un algorithme de détection basé sur des images multi-fréquence et multi-polarisation.

En dépit de ce qui précède, les paramètres qui accompagnent le processus de détection ne sont pas toujours cernés avec le maximum de conviction. La discriminabilité des nappes se trouve asservie par des contraintes extérieures à l'acquisition

RSO. L'ampleur que prend le sujet fait penser à la possibilité de mise en œuvre d'un système autonome de DNH, sous la forme d'une boîte noire soumise à de multiples variables d'entrée dont elle en dépend, et délivrant à sa sortie la probabilité pour une signature observée à la surface de l'océan d'être une nappe d'hydrocarbures.

4.5 Hypothèses d'étude

4.5.1 Hypothèse 1 : Acquisition RSO d'une surface en mouvement

En plus du chatoiement dû au système d'acquisition du radar, diverses perturbations accompagnent la formation d'images RSO de la mer que nous rappelons ici (section 3.4) : la modulation hydrodynamique, la distorsion de balayage et la modulation d'inclinaison. Ces phénomènes aggravent la dipersion de la réflexivité dans les images qui donne une apparence granuleuse extrêmement bruitée. L'image est alors dite *texturée*, elle nécessite un filtrage efficace pour atténuer les fluctuations radiométriques. Divers filtres passe bas (section 4.2) sont proposés dans la littérature pour cet usage. Mais, ils sont, dans la plupart, à comportement constant, et par conséquent inadaptés à l'usage du filtrage du speckle. Les techniques à comportement adaptatif sont indiqués. Ils tiennent compte du niveau de disparité accrue dans tout voisinage considéré.

4.5.2 Hypothèse 2 : Atténuation des ondes de Bragg

Selon la théorie de Marangoni (section 3.3), la présence d'un fluide visqueux flottant à la surface des eaux de l'océan en modifie l'état physique. En plus du caratère spéculaire de la diffusion induite par sa viscosité, la nappe d'hydrocarbures accroît le champ de pression à la surface occupée, atténuant la hauteur des vagues à la mesure de ses propriétés physiques. La hauteur des ondes de Bragg, alors responsables de la rétrodiffusion, diminue. Le lissage ainsi observé des vagues provoque une baisse considérable de l'écho radar. La surface polluée présente des caractéristiques physiques de rétrodiffusion d'apparence stationnaires. Elle s'assimile à une *image homogène*. Par conséquent, elle s'identifie à l'information empirique et a moins besoin de transformation pour se mettre en exergue.

4.5.3 Hypothèse 3 : Morphologie des nappes à la surface de la mer

Les résultats physico-chimiques de l'interaction entre l'eau de mer et les nappes d'hydrocarbures (section 3.3) entraînent la dissolution mutuelle de l'un dans l'autre. Ce mélange donne lieu à trois couches à la surface de la mer : la nappe flottante, l'eau non polluée et la couche de conflit située entre les deux premières. Cette dernière constitue la solution saturée du mélange, encore nommée *phase dispersée*. Elle crée beaucoup de confusion dans les images et se caractérise par un mélange dynamique des deux fluides. Elle est difficile à caractériser et attribue une morphologie spécifique aux nappes occupant la surface de l'océan. Dans les conditions de turbulence relative de l'environnement marin, les hydrocarbures adoptent un comportement ambigu. La conséquence de cette agitation est l'apparition de micro structures linéaires orientées en fonction des directions imposées par le vent et par les vagues en surface. Dans les images RSO, les trois couches s'identifient respectivement à trois régions : la région de visibilité des nappes, la région occupée par l'eau démunie du polluant et la région intermédiaire (bords des nappes).

4.5.4 Hypothèse 4 : Structuration de la rugosité de la surface de la mer

L'analyse des structures présentes dans les images RSO nécessite que l'on s'appesantisse sur les caractéristiques de la diffusion des impulsions électromagnétiques émises par le capteur pour imager la surface de l'océan. L'énergie rétrodiffusée est prise en compte dans le domaine fréquentiel pour le sens azimutal par traitement du spectre Doppler, et dans le domaine temporel pour le sens radial. L'état de la surface observée dépend des conditions atmosphériques et océaniques locales considérées. Il varie dans le temps et dans l'espace entre une surface "parfaitement" lisse et une surface excéssivement rigueuse. La classification de cette surface dépend de la longueur d'onde de l'onde incident λ_r et du critère de rugosité considéré. Selon le critère de Rayleigh, une surface sera considérée comme rigueuse si la différence de marche entre deux rayons diffusés à deux points de la surface h est supérieure au rapport $\frac{\lambda_r}{8\cos\theta}$. Sinon elle est lisse. Dans cette expression, θ est l'angle local d'incidence du rayonnement. Ce critère est valable pour une classification au premier degré. Pour des longueurs d'onde de l'ordre des irrégularités de surface, un critère plus rigoureux est indispensable.

L'hypothèse d'une rugosité graduelle à diverses échelles peut être perçue à la surface de l'océan. Les ondes, dites de petite échelle de Bragg, se forment en réponse à la force du vent. Comme initialement relevé, la rétrodiffusion est due à la composante du spectre d'onde qui résonne avec la longueur d'onde du radar. Les images

4.5. HYPOTHÈSES D'ÉTUDE

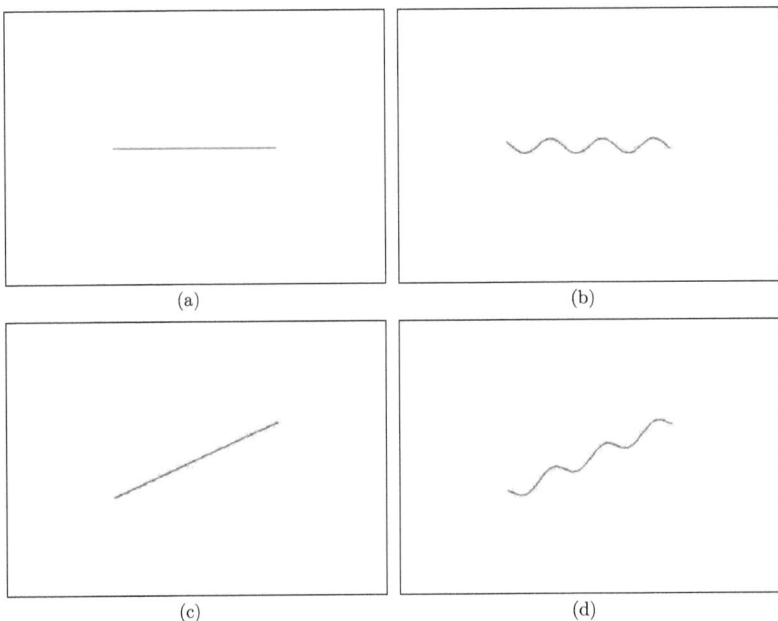

FIGURE 4.3 – Simulation de la superposition de deux ondes à la surface de l'océan. a : *Mer morte sans ondulation.* b : *Petite onde générée sur (a).* c : *Onde longue générée sur (a).* d : *Modulation de (b) par (c), superposition des deux ondes.*

issues de cette théorie représentent directement la distribution spatiale des ondes d'échelle de Bragg. Les ondes de gravité de plus grande longueurs d'onde, quant à elles, sont alors prises en compte par le biais de la modulation d'inclinaison, de la modulation hydrodynamique et des effets de la distortion due au mouvement relatif des eaux. La surface de la mer est alors considérée comme une somme infinie et continue d'oscillations indépendantes (en phase et en amplitude) (figure 4.3).

Selon *Joseph Fourier*, tous les *signaux périodiques physiquement réalisables*[5] peuvent s'exprimer comme une somme de signaux *sinus* et *cosinus* (et par extension par une somme d'exponentielles complexes). Ainsi, les ondes de surface peuvent se dissocier les unes des autres même quand elles ne se propagent pas dans la même

---

5. *Il faut comprendre ici par signal périodique physiquement réalisable, un signal dont la période est physiquement réalisable. Le signal théorique périodique complet est ensuite obtenu par répétition de cette période entre* $-\infty$ *et* ∞ [16].

direction. Dans notre étude, étant donné que la direction de parcours du radar est figée, nous conviendrons que toutes les vagues se propagent dans la même direction, et plus précisement dans la direction radiale.

Eventuellement, le processus de formation d'image s'accompagne des déformations dues au relief de la surface lorsque l'incidence est forte. Dans ce cas, il se produit une inversion (ou repliement) du relief dans le cas d'une pente positive [6] supérieure à l'incidence qui provoque une superposition de zones sur une même porte [107]. Ou alors, on assiste à un phénomène d'ombre radar lorsque la pente est négative [7]. Entre les deux pentes, s'impose le creux de l'onde observée. En admettant que l'acquisition de l'image est faite par pente et par longueur d'onde, l'écho radar sera alors lié à la nature de la pente de la surface observée, et il sera possible de capturer l'information associée à une longueur d'onde, en utilisant une structure adéquate.

4.6 Conclusion

Les méthodes mises en œuvre pour la détection des nappes d'hydrocarbures dans les images RSO de la surface de l'océan sont multiples. Les plus performantes ont été décrites. Chacune d'elles présente des avantages et des inconvénients en fonction des critères d'appréciation dont la liste n'est pas toujours commune pour une comparaison fiable. À titre indicatif (appréciation visuelle), nous en faisons un bilan dans le tableau 4.1, certe sous reserve des mêmes conditions météorologiques, atmosphériques et océanographiques des terrains.

Les tendances se dévoilent. D'un : les approches statistiques monoéchelle, quand elles ne sont pas affectées par les fausses alarmes, déforment la morphologie des nappes soit par rognage de celles-ci, soit par déformation tranchée de ses bords. Une amélioration de cette classe consistera à utiliser une technique de filtrage qui limite la perte conséquente de l'information, et à développer une méthode de segmentation sensible aux détails fins. De deux : bien que les techniques multiéchelles soient lentes, leur avantage est qu'elles apportent en général un meilleur compromis entre la déformation décrite des signatures et la présence des fausses alarmes constatées dans les résultats des précédentes approches. Mais, elles ne suppriment pas complètement les fausses alarmes, certainement parce qu'elle sont, pour la plupart, fondées sur des outils linéaires de décomposition de l'information radar. Pourtant, l'image RSO de la surface de la mer est une représentation du spectre de vagues dont le transfert d'énergie entre vagues est non linéaire. Pour tenir compte de cette donnée, la méthode de détection multiéchelle que nous développons se sert des opérateurs

---
6. Orientée vers le RSO.
7. Opposé au radar.

4.6. CONCLUSION

N°	Critères d'appréciation	SSS	MCS	FCM	MCM	SVM
1	Maximiser la détection (détails fins)	● ○	● ○	● ○	● ○	● ○
2	Minimiser les fausses alarmes	● ○	● ●	○ ○	● ○	● ○
3	Conserver la forme des bords des nappes	○ ○	○ ○	● ●	● ●	● ●
4	Minimiser le temps de calcul	● ●	● ○	● ○	○ ○	● ○

TABLE 4.1 – Un aperçu de comparaison des méthodes de détection des nappes. **SSS** : méthodes portant sur le seuillage. **MCS** : minimisation de la complexité stochastique. **FCM** : Modèles flous. **MCM** : Modèles des chaînes de Markov. **SVM** : Modèles de séparation par valorisation de marge. Nomenclature : ● ● : *très recommendée* ; ○ ○ : *pas recommandée* ; ● ○ : *moins recommendée, acceptable*.

hybrides (linéaires et non linéaires) pour extraire les images du spectre observé. De trois : la bonne détection étant le début d'une caractérisation réussie, la technique de caractérisation des nappes développée porte sur les attributs des images du spectre dont la qualité dépend essentiellement de la précision des nappes détectées. Ainsi, nous espérons détecter et caractériser les nappes d'hydrocarbures en conformité avec les hypothèses considérées de la RSO océanographie, notamment la disparité accrue de l'intensité dans les images RSO de la mer (hypothèse 1), le déficit d'énergie causé par les hydrocarbures à la surface de l'océan (hypothèse 2), l'attitude hydrophobique du mélange (hypothèse 3) et l'organisation structurelle des vagues à la surface de la mer (hypothèse 4).

Troisième partie

Contribution à la détection des nappes d'hydrocarbures dans les images radar à synthèse d'ouverture de la surface de l'océan

Chapitre 5

Détection des nappes d'hydrocarbures dans les images RSO par fusion interpolée des réponses issues du seuillage par hystérésis directionnel

5.1 Introduction

Dans ce chapitre, nous présentons la méthode de détection par la fusion interpolée des réponses issues du seuillage par hystérésis directionnel (FIRSHD) mise au point. Elle s'appuie sur les hypothèses 1, 2 et 3 (chapitre 4) et sur les modèles ensembliste et statistique par gaussienne. Elle exploite le comportement des nappes d'hydrocarbures soumises aux turbulences de son environnement marin pour extraire finement les structures linéaires de la région identifiée des bords des nappes. Elle intègre initialement un procédé de filtrage adapté au contexte du point de vue de la texture locale. Finalement, la méthode se résume en deux grandes étapes (voir figure 5.1) : le filtrage adapté à la texture locale de l'image (filtrage d'image texturée, caractérisation de la texture, filtrage contextuel) et la fusion interpolée des reponses issues du seuillage par hystérésis directionnel (initialisation, décomposition multi directionnelle par SHD et fusion interpolée). Les résultats expérimentaux sont ensuite présentés, d'abord sur l'image RSO segmentée, puis sous la forme quantitative de la probabilité de détection des nappes, de la probabilité de présence des fausses alarmes dans les images segmentées et de la probabilité globale de la segmentation. Validée à l'aide d'une vérité de terrain photointerprètée, la méthode est finalement comparée aux approches classiques décrites.

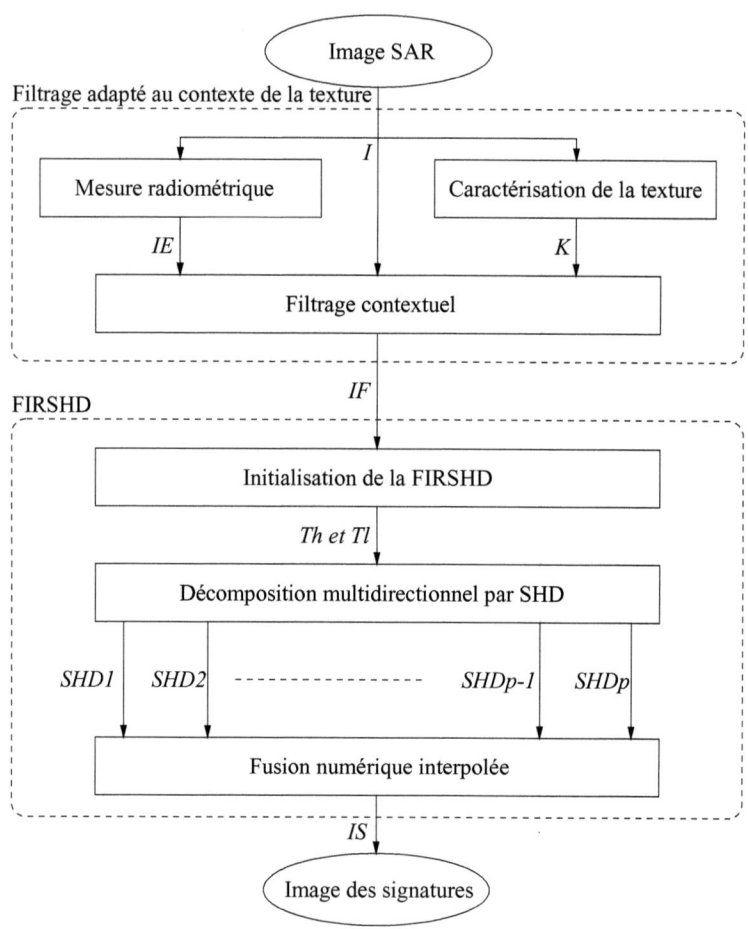

FIGURE 5.1 – Schéma synoptique de détection des nappes par fusion interpolée des réponses issues du seuillage par hystérésis directionnel

5.2 Modèle ensembliste

La morphologie mathématique est un cadre ensembliste du traitement du signal et des images qui vise à étudier des structures inconnues par comparaison avec des objets géométriques de référence appelés éléments structurants. Cette comparaison est possible grâce au principal outil d'analyse de base qu'est l'inclusion. Ainsi, la morphologie mathématique s'accorde à l'analyse des relations qui existent entre les objets, notamment la forme, les caractéristiques géométriques ou topologiques et la dispersion des dits objets. Ce modèle est applicable aux images que l'on considère comme de grands ensembles munis de sous ensembles de pixels connexes. Il est indépendant de la nature de l'image. En revanche, le choix des ensembles dans l'image et les transformations à appliquer dépend uniquement de l'application. En outre, les principales opérations morphologiques sur les ensembles sont définies à partir des opérations ensemblistes fondamentales (l'union, l'intersection, le complémentaire, la différence, la différence symétrique) et de leurs propriétés (la commutativité, l'associativité, la distributivité) dont les fondements reposent sur une notion de tréllis complet [132].

5.2.1 Treillis complet

Un treillis $\mathcal{T}$ est un ensemble ordonné, c'est-à-dire un ensemble muni d'une relation d'ordre (réflectivité, anti-symétrie, transitivité), notée en général $\leq$, dans lequel deux éléments quelconques X et Y possèdent à la fois une borne supérieure notée $X \vee Y$ et une borne inférieure notée $X \wedge Y$.

Le treillis $\mathcal{T}$ est dit complet si, pour toute famille (X_i) finie ou non de $\mathcal{T}$, il existe un plus petit majorant $\vee X_i$ appelé supremum (sup) et un plus grand minorant $\wedge X_i$ appelé infimum (inf).

Par conséquent, un treillis complet contient un élément minimum noté $\emptyset$ et un élément maximum noté E. Et le complement noté Z du tréllis $\mathcal{T}$ d'un élément X du même tréllis est défini tel que $X \vee Z = Z \vee X = E$ et $X \wedge Z = Z \wedge X = \emptyset$. Si tous les éléments de $\mathcal{T}$ possèdent un complément, alors le treillis est dit complémenté. Deux exemples de tréllis peuvent être considérés dans ce cadre.

Soit E un ensemble arbitraire, $\mathcal{P}(E)$ l'ensemble des parties de E. L'ensemble $\mathcal{P}(E)$ est ordonné par l'inclusion $\subset$. L'inf correspond à l'intersection $(\cap X_i)$ et le sup à l'union $(\cup X_i)$. Le complément X^c de X dans E vérifie les relations $X \vee X^c = X^c \vee X = E$ et $X \wedge X^c = X^c \wedge X = \emptyset$. L'ensemble E est bel et bien un treillis complet complémenté pour les opérations d'intersection $\cap$ et d'union $\cup$. Il en est de même pour l'ensemble $\mathcal{P}(E)$ qui, par définition, est un treillis booléen.

Soit E un espace arbitraire et $\Phi(E)$ l'ensemble des fonctions à valeurs réelles définies sur E. Ce dernier est ordonné par la relation d'ordre définie par $f \leq g \Leftrightarrow \forall x \in E, f(x) \leq g(x)$. Le sup est $\vee f$ tel que $f(x) = sup_i f_i(x)$, $\forall x \in E$, et l'inf $\wedge f$ tel que $f(x) = inf_i f_i(x)$, $\forall x \in E$. L'ensemble défini E est alors un treillis complet.

5.2.2 Propriétés des opérateurs morphologiques

Un opérateur sur un treillis complet $\mathcal{T}$ est défini comme une application de $\mathcal{T}$ sur lui-même.

Divers opérateurs sont à considérer et se caractérisent par des propriétés algébriques qu'ils vérifient. Ainsi, soit un treillis complet $\mathcal{T}$ muni d'une relation d'ordre notée pour la généralité $\leq$, soient X et Y deux ensembles de $\mathcal{T}$, X^c le complémentaire de X, X_α la rotation de X d'un angle α, X_t la translation de X de vecteur t, X_h l'homothétie de X de constante h, soient ψ et ϕ deux opérateurs de $\mathcal{T}$:

◇ ψ est **croissant** si $X \leq Y \Rightarrow \psi(X) \leq \psi(Y)$

◇ ψ est **décroissant** si $X \leq Y \Rightarrow \psi(Y) \leq \psi(X)$

◇ ψ est **extenssif** si $X \leq \psi(X)$

◇ ψ est **anti-extenssif** si $\psi(X) \leq X$

◇ ψ est **idempotent** si $\psi(X) = (\psi \circ \psi)(X)$

◇ ψ et ϕ sont dits **duals** si $\psi(X) = [\phi(X^c)]^c$

◇ ψ est **invariant en rotation** si $\psi(X_\alpha) = [\psi(X)]_\alpha$

◇ ψ est **invariant en translation** si $\psi(X_t) = [\psi(X)]_t$

◇ ψ est **invariant en homothétie** si $\psi(h \cdot X) = h \cdot [\psi(X)]$

Nous rappelons que la relation d'inclusion est l'outil principal de la morphologie mathématique. Les opérations morphologiques sur les ensembles sont formulées pour les espaces continus et s'adaptent très bien également aux images discrètes par l'usage des opérateurs morphologiques appliquées, cette fois, aux fonctions à valeurs réelles. Les opérateurs fonctionnels $\vee$ et $\wedge$ sont respectivement remplacés par ceux ensemblistes $\cup$ et $\cap$. Il en est de même pour les inclusions $\subseteq$ et $\supseteq$ qui se trouvent

5.2. MODÈLE ENSEMBLISTE

remplacées respectivement par les inégalités $\leq$ et $\geq$ pour la morphologie sur les fonctions.

5.2.3 Opérateurs morphologiques élémentaires

L'image RSO est considérée comme une fonction qui retourne une valeur de niveau de gris $f(s) = f(x,y)$ à chaque site s de coordonnée (x,y). En considérant l'ensemble des pixels de valeur telle que $f(x,y) \geq z$, on définit le supremum de deux fonctions images f et g par :

$$f \vee g = max\{f(x,y), g(x,y)\} \tag{5.1}$$

Ainsi que l'infimum par :

$$f \wedge g = min\{f(x,y), g(x,y)\} \tag{5.2}$$

5.2.3.1 Élément structurant

L'image numérique est définie sur une trame, c'est-à-dire un ensemble muni de relations de voisinage.

une **trame** *$T = (V, R)$ est définie par la donnée d'un ensemble de points V et d'un ensemble de relations de voisinage $R \subset V \times V$. Deux points p et q de V sont voisins si $(p, q) \in R$. On appellera* **voisinage** *d'un point p l'ensemble des voisins de p.*

Dans le plan, il existe trois types de trames couramment utilisées : la trame carrée 4-connexité, la trame carrée 8-connexité, la trame hexagonale 6-connexité. L'élément structurant unité de la trame est l'ensemble formé de l'origine et de ses voisins à une distance unitaire. C'est donc une trame carrée unitaire 8-connexité. L'élément structurant symétrique de taille n sera dilaté n fois par lui-même de l'élément structurant unité. En outre, les éléments structurants ne sont pas toujours symétriques. Ils peuvent être de formes très variables. Le choix de la forme et de l'origine dépend essentiellement de l'application.

5.2.3.2 Érosion et dilatation

Les éléments structurants D du point de vue des ensembles sont remplacés par les éléments structurants d, de domaine de définition D, du point de vue des fonctions. On définit ainsi la fonction structurante symétrique $d_s(x,y)$ et la fonction structurante translatée $d_z(x,y)$ telles que :

$$d_s(x,y) = d(-x,-y) \quad et \quad d_z(x,y) = d(x-z, y-z) \tag{5.3}$$

De ces définitions, on en déduit les expressions de l'érosion morphologique d'une fonction f par une fonction structurante g par :

$$\epsilon_D = f \ominus d_s = \wedge_{(x,y)\in D} f(x,y) - d_z(x,y) = min\{f(x,y) - g(x-z, y-z), (x-z, y-z) \in D\} \tag{5.4}$$

Et l'expression de la dilatation morphologique de f par g :

$$\delta_D = f \oplus d_s = \vee_{(x,y)\in D} f(x,y) + d_z(x,y) = max\{f(x,y) + g(x-z, y-z), (x-z, y-z) \in D\} \tag{5.5}$$

Si la fonction structurante est nulle dans son domaine, alors les expressions (5.4) et (5.5) deviennent alors :

$$\epsilon_D = \wedge_{(x,y)\in D} f(x,y) = min\{f(x,y), (x-z, y-z) \in D\} \tag{5.6}$$

et

$$\delta_D = \vee_{(x,y)\in D} f(s) = max\{f(x,y), (x-z, y-z) \in D\} \tag{5.7}$$

5.2.3.3 Ouverture et fermeture

On définit alors l'ouverture morphologique γ_D (respectivement la fermeture morphologique ϕ_D) de la fonction f par la fonction structurante d définie, elle dans le domaine structurant D, par la composition d'une érosion puis d'une dilattation morphologique $\delta_D \circ \epsilon_D$ (respectivement d'une dilatation puis d'une érosion morphologique $\epsilon_D \circ \delta_D$). D'où les notations :

$$\gamma_D = f \circ d = \delta_D \circ \epsilon_D = (f \ominus d_s) \oplus d_s \tag{5.8}$$

Respectivement :

$$\phi_D = f \bullet d = \epsilon_D \circ \delta_D = (f \oplus d_s) \ominus d_s \tag{5.9}$$

5.2.4 Filtres morphologiques

Les applications sur le treillis $\mathcal{T}$, croissantes et idempotentes sont appelées **filtres morphologiques**. Les filtres extensifs sont appelés **fermetures**, et les filtres anti-extensifs **ouvertures**.

L'extention de cette étude a conduit à de nombreux autres filtres morphologiques obtenus par composition des filtres de base γ_D et ϕ_D. Ainsi, *un filtre alterné* π_D de

5.2. MODÈLE ENSEMBLISTE

taille D est obtenu par itération d'ouvertures et de fermetures de même taille. Par conséquent, $\gamma_D \circ \phi_D$, $\phi_D \circ \gamma_D$, $\gamma_D \circ \phi_D \circ \gamma_D$, $\phi_D \circ \gamma_D \circ \phi_D$ sont des filtres morphologiques. La composition ne peut se faire au delà de trois filtres élémentaires à cause de la propriété d'idempotence. Puis, il est établi [62, 146] que l'utilisation des filtres alternés avec des éléments structurants de plus en plus grossissants génère moins de perturbations. Ce qui donne naissance au *filtres alternés de tailles croissantes* :

$$\pi_{D_n} \circ \pi_{D_{n-1}} \circ \cdot \pi_{D_2} \circ \pi_{D_1} \quad avec \quad \forall i \in \{1, 2, \cdot, n-1, n\} \, D_i \subset D_{i+1} \qquad (5.10)$$

Cette définition ouvre un champ de possibilités pour la création des filtres performants. L'analyse multirésolution en est consommatrice, étant donné que chaque étage de filtrage alterné met en exergue des détails correspondant à sa structure. Une analyse multiéchelle des résidus en donne alors une granulométrie intéressante de l'image [131].

5.2.5 Gradients morphologiques

Soit δ_D un opérateur extensif et ϵ_D un opérateur anti-extensif d'élément structurant D. En général, le gradient morphologique est le résultat de la différence arithmétique entre deux des trois niveaux issus de l'information originale I.

Lorsque la dilatation (respectivement l'érosion) est l'opérateur extensif (respectivement l'op'erateur anti-extensif), le gradient morphologique ρ_D est dit de Beucher [135, 139] et défini par :

$$\rho_D = \delta_D - \epsilon_D \qquad (5.11)$$

On définit également deux demi gradients morphologiques, le gradient interne ρ_D^- et le gradient externe ρ_D^+ par :

$$\rho_D^- = I - \epsilon_D \qquad (5.12)$$

et

$$\rho_D^+ = \delta_D - I \qquad (5.13)$$

En traitement d'images, ces concepts rehaussent les hautes fréquences spatiales qui peuvent être dues aux contours, au bruit, mais certainement aussi à une variation locale du relief observé, notamment les variations de niveaux prises par les hauteurs des vagues à la surface de l'océan.

5.3 Modèle statistique par gaussienne

Pour le SHD, l'image est considérée comme étant un échantillon muni d'une distribution des niveaux de gris dispersés autour de valeurs moyennes des classess en présence. Étant donné que l'image utilisée de l'observation des océans dispose de deux régions, notamment la surface couverte par les nappes et celle non polluée, la densité de probabilité à elle associée est un mélange de deux gaussiennes. Les techniques de seuillage utilisant essentiellement l'histogramme, il est judicieux d'envisager une extraction de l'information recherchée par seuillage de l'image en ses deux classes, surtout lorsque les conditions de bimodalité le permettent.

Dans cette logique probabiliste, une image est un évènement aléatoire considérée comme une réalisation du processus d'échantillonnage de l'espace des épreuves dont les éléments x sont mesurés par le RSO. Dans le cas monodimensionnel, chaque pixel est associé à une seule valeur de niveau de gris. L'image d'amplitude RSO, nommée dans la suite I, est un signal bidimensionnel (2-D) à valeurs réelles $f_I(s_i)$ sur une grille dont les cellules constituent un ensemble S de sites s_i, avec $i = 1, 2, 3, ..., N-1, N$. La distribution *a posteriori* des valeurs dans cette image est décrite le plus souvent par un histogramme $H(x)$ tel que :

$$H(x) = Card\{y \in I \ : \ f_I(y) = x\} \tag{5.14}$$

$H(x)$ est donc la densité de probabilité empirique des niveaux de gris dans l'image. Si l'image était munie de régions parfaitement homogènes en niveaux de gris, l'histogramme serait alors constitué de raies correspondant aux différentes classes. Dans la réalité, il n'y a pas d'homogénéité et les valeurs singulières de l'histogramme sont remplacées par des dispersions autour des valeurs moyennes. Ces dispersions sont très difficiles à modéliser car elles dépendent non seulement des conditions d'acquisition, mais aussi de la nature de la surface observée. Le modèle mathématique le plus classique consiste à considérer la distribution associée à chaque région de l'image comme étant une densité de probabilité représentée par une gaussienne $N(x)$ d'amplitude A, de moyenne μ et d'écart type σ :

$$N(x) = Ae^{-\frac{(x-\mu)^2}{2\sigma^2}} \tag{5.15}$$

Par conséquent, l'histogramme est une superposition de plusieurs gaussiennes dont le nombre correspond au nombre de classes en présence. Dans ce cas, la détermination empirique d'un histogramme passe par la connaissance du nombre de classes et l'estimation des paramètres des gaussiennes. Lorsque le nombre de gaussiennes est inconnu, les paramètres des gaussiennes peuvent être estimés progressivement, le modèle recherché $\widehat{H}$ de l'histogramme H est alors de la forme :

5.3. MODÈLE STATISTIQUE PAR GAUSSIENNE

$$\widehat{H} = \sum_{j=1}^{j=n_G} A_j e^{-\frac{(x-\mu_j)^2}{2\sigma_j^2}} \tag{5.16}$$

n_G est le nombre inconnu de gaussiennes. On suppose que l'histogramme est multimodal, c'est-à-dire que les distributions ne se superposent pas totalement. Par conséquent, les gaussiennes sont suffisamment éloignées. On a donc :

$$N_1(x) \gg N_2(x) \gg \cdots \gg N_{n_G-1}(x) \gg N_{n_G}(x) \tag{5.17}$$

Par ailleurs, le rapport des valeurs consécutives d'une gaussienne quelconque N_j est :

$$\forall j,\ \forall x,\ \log\frac{N_j(x)}{N_j(x+1)} = \frac{1}{2\sigma_j^2}(2x+1-2\mu_j) \tag{5.18}$$

En posant :

$$\alpha_x = \log\frac{H(x)}{H(x+1)} \tag{5.19}$$

Et en combinant (5.17), (5.18) et (5.19), on aboutit à un système de deux équations ((5.20) et (5.21)) qui relie les paramètres de la première gaussienne avec les données de l'histogramme.

$$\mu_1 + \sigma_1^2 \alpha_x = x + \frac{1}{2} \tag{5.20}$$

$$\mu_1 + \sigma_1^2 \alpha_{x+1} = x + \frac{3}{2} \tag{5.21}$$

La résolution de ce système donne une première approximation de la moyenne et de l'écart type de N_1 :

$$\widehat{\sigma}_1(x) = \frac{\alpha_x}{\alpha_{x+1} - \alpha_x} \tag{5.22}$$

$$\widehat{\mu}_1(x) = x - \widehat{\sigma}_1(x) + \frac{1}{2} \tag{5.23}$$

L'amplitude A_1 est estimée par moyennage successive pour les valeurs de niveau de gris x soumises à l'hypothèse (5.17). Ce procédé d'estimation des paramètres est également fait à droite de l'histogramme pour extraire $N_2(x)$. Le même processus reprend pour l'approximation des autres gaussiennes en considérant un nouvel histogramme $H_1(x)$ tel que :

$$H_1(x) = H(x) - \widehat{N}_1(x) - \widehat{N}_2(x) \tag{5.24}$$

La procédure est réitérée tant que l'histogramme résiduel a une surface significative comparée à celle de l'histogramme initial $H(x)$. Selon [16], cet algorithme est simple et rapide, mais ses performances sont limitées car il est conseillé de faire des ajustements à l'aide des premières approximations. Un exemple réussi de l'estimation des paramètres est présenté sur la modélisation d'un histogramme par une somme de quatres gaussiennes.

5.4 Filtrage adapté au contexte de la texture locale

5.4.1 Filtrage d'image texturée

L'estimation de la réflexivité sur l'image de texture est réalisée par la composition d'un opérateur de filtrage passe bas désigné E avec l'application définie par le signal 2-D $f_I(s_i)$ au site s_i. L'image qui en est déduite est :

$$f_{IE}(s_i) = (E \circ f_I)(s_i) = E[f_I(s_i)] \qquad (5.25)$$

À partir des filtres existants, nous envisageons d'utiliser une approche de filtrage simple et performante qui s'adapte au mieux à la surface observée, alors nous nous intéresserons à l'espérance locale de l'image. C'est un filtre linéaire passe bas suffisamment efficace, moins élaboré et simple à mettre en œuvre. Il est le plus connu et consiste à remplacer la valeur de chaque pixel par la moyenne obtenue dans son voisinage. Sa fonction de voisinage est alors connue. Sa forme peut varier en fonction des contraintes locales. Mais, pour des raisons de défauts de détection dus à l'étalement des transitions entre régions, elle est réduite à une dimension carrée de taille trois.

5.4.2 Caractérisation de la texture

En réalité, il n'existe pas de région totalement homogène dans l'image. Les trois zones identifiées de l'observation (hypothèse 3) présentent des signatures texturées relatives et variées dans l'espace. Il est indispensable de les caractériser et la dynamique locale de l'intensité en est un critère discriminant. Elle permet sans doute de discerner les régions en présence. Elle est mesurée (section 5.2) soit par le gradient morphologique de Beucher ρ_D (équation (5.26)), soit par l'un des demi gradients morphologiques interne ρ_D^- (équation ((5.27))) ou externe ρ_D^+ (équation ((5.28))) [135, 139].

$$f_{IG}(s_i) = (\rho_D \circ f_I)(s_i) = (\delta_D \circ f_I)(s_i) - (\epsilon_D \circ f_I)(s_i) \qquad (5.26)$$

5.4. FILTRAGE ADAPTÉ AU CONTEXTE DE LA TEXTURE LOCALE

$$f_{IG}(s_i) = (\rho_D^- \circ f_I)(s_i) = f_I(s_i) - (\epsilon_D \circ f_I)(s_i) \tag{5.27}$$

$$f_{IG}(s_i) = (\rho_D^+ \circ f_I)(s_i) = (\delta_D \circ f_I)(s_i) - f_I(s_i) \tag{5.28}$$

Dans les équations (5.26), (5.27) et (5.28), ϵ_D est l'opérateur d'érosion morphologique, δ_D l'opérateur de dilatation morphologique et D l'élément structurant affecté aux opérateurs indiqués. La mesure du gradient conduit ensuite au calcul d'un compromis entre l'information radar et l'information corrigée par filtrage. Ce compromis est estimé par des coefficients de pondération marginaux $K(s_i)$ à affecter à la texture locale. La courbe $K(s_i)$ est centrée sur la moyenne des gradients (μ_{IG}) et équitablement répartie selon l'écart type σ_{IG} entre le minimum et le maximum ($\vee f_{IG}$) des gradients de l'image IG. Si $f_{IG} \neq \vee f_{IG}$, on a :

$$K(s_i) = \exp\left(-\frac{\frac{\mu_{IG}}{\sigma_{IG}} \cdot f_{IG}(s_i)}{\vee f_{IG} - f_{IG}(s_i)}\right) \tag{5.29}$$

Sinon ($f_{IG} = \vee f_{IG}$), $K(s_i) = 0$. Ainsi défini, $K(s_i)$ est une caratéristique révélatrice et significative de la nature de la texture explorée.

5.4.3 Filtrage contextuel

L'idée du filtrage contextuel est de doser le prétraitement en fonction du niveau de disparité de l'information reçue par le radar imageur. Les fluctuations de l'intensité autour de l'intensité moyenne sont mesurées localement par le critère K. Le filtre adaptatif proposé h_c, inspiré du modèle multiplicatif des filtres de Lee [95] et de Kuan et al. [86], est défini par une relation linéaire entre l'information empirique f_I et l'information estimée f_{IE} affectées respectivement des coéfficients K et $1 - K$. D'où :

$$(h_c \circ f_I)(s_i) = K(s_i) \cdot f_I(s_i) + \big(1 - K(s_i)\big) \cdot f_{IE}(s_i) \tag{5.30}$$

En combinant les équations (5.25), (5.29) et (5.30), on obtient :

$$(h_c \circ f_I)(s_i) = (E \circ f_I)(s_i) + \Big(f_I(s_i) - (E \circ f_I)(s_i)\Big) \cdot \exp\left(-\frac{\frac{\mu_{IG}}{\sigma_{IG}} \cdot f_{IG}(s_i)}{\vee f_{IG} - f_{IG}(s_i)}\right) \tag{5.31}$$

Comme l'opérateur E est linéaire, la réduction du bruit s'accompagnera d'un étalement des transitions entre régions. Pour préserver les contours des objets, le filtre h sera composé par un opérateur d'érosion morphologique d'élément structurant D^* correspondant à la taille de la forme de la fonction de voisinage du filtre E tel que :

$$f_{IF}(s_i) = (\epsilon_{D^*} \circ h_c \circ f_I)(s_i) \qquad (5.32)$$

Le choix de D^* est stratégique et supervisé. Il doit obéir à un apprentissage a priori de la morphologie de la nappe d'hydrocarbure observée. Par combinaison de (5.31) et (5.32), l'image filtrée f_{IF} sera finalement exprimée par :

$$f_{IF}(s_i) = (\epsilon_{D^*} \circ E \circ f_I)(s_i) + \Big((\epsilon_{D^*} \circ f_I)(s_i) - (\epsilon_{D^*} \circ E \circ f_I)(s_i)\Big) \cdot \exp\left(-\frac{\frac{\mu_{IG}}{\sigma_{IG}} \cdot f_{IG}(s_i)}{\vee f_{IG} - f_{IG}(s_i)}\right)$$
$$(5.33)$$

Elle offre de très bonnes conditions de bimodalité et facilite la mise en œuvre effective de la segmentation des nappes d'hydrocarbures par fusion interpolée des réponses issues du seuillage par hystérésis directionnel (FIRSHD).

5.5 Fusion interpolée des réponses issues du SHD

5.5.1 Initialisation de la FIRSHD

Les méthodes classiques de détection, notamment le seuillage usuel, ont des difficultés à extraire les structures fines, les raisons de cette insuffisance ont déjà été évoquées. Pourtant, la géométrie et l'attitude des nappes à la surface de la mer constituent un argument de taille dans le concept de la caractérisation et la discrimination des nappes. Il faut valoriser l'information de l'image RSO afin de minimiser les coûts des observatoires. Pour prendre en compte le processus de vieillissement des hydrocarbures à la surface des océans décrit à la troisième hypothèse (section 5.1), et spécifiquement l'ambiguité crée par les nappes en émulsion avec l'eau sous l'agitation du vent et des courants océaniques, on procède par la détection, point par point, sous forme d'extraction successive des structures linéaires de la cible. Le seuillage par hystérésis en dévoile les formes lorsque le choix des seuils afférents est fiable.

L'initialisation de la FRSHD (FIRSHD sans interpolation) consiste en l'apprentissage et en la mesure des seuils. Le modèle d'observation se fait par modélisation de la réponse du capteur de façon empirique sur des échantillons sélectionnés. L'apprentissage fournit des valeurs d'intensité moyennes (μ_n, μ_m) et les écarts types (σ_n, σ_m) des classes respectives NAPPE et MER. Une estimation des probabilités a priori (p_n, p_m) est faite à partir des occurrences enregistrées autour des intensités moyennes et sur un voisinage $\Delta(f(s))$ donné. Le calcul des seuils s'appuie sur les travaux de Chow et al. selon lesquels l'histogramme local $H(f(s))$ est approximé par la somme de deux gaussiennes (équation 5.34) représentatives des deux régions [25].

5.5. FUSION INTERPOLÉE DES RÉPONSES ISSUES DU SHD

$$H(f(s)) = \frac{p_n}{\sigma_n} \cdot \exp\left(-\frac{(f(s) - \mu_n)^2}{2\sigma_n^2}\right) + \frac{p_m}{\sigma_m} \cdot \exp\left(-\frac{(f(s) - \mu_m)^2}{2\sigma_m^2}\right) \quad (5.34)$$

Si les conditions de bimodalité sont vérifiées, le seuil central du maximum de vraisemblance T_0, situé entre μ_n et μ_m, vérifie l'équation (5.35) [120] :

$$\left(\frac{1}{\sigma_n^2} - \frac{1}{\sigma_m^2}\right)T^2 + 2 \cdot \left(\frac{\mu_m}{\sigma_m^2} - \frac{\mu_n}{\sigma_n^2}\right)T - \frac{\mu_m^2}{\sigma_m^2} + \frac{\mu_n^2}{\sigma_n^2} + 2 \cdot \ln\left(\frac{p_m \cdot \sigma_n}{p_n \cdot \sigma_m}\right) = 0 \quad (5.35)$$

Les seuils de vraisemblance haut T_h (nappes) et bas T_l (mer), considérés comme limites de la zone de conflit, sont ensuite déduits soit par un choix judicieux d'un nombre minimal d'occurrences $H_0(f(s))$, soit par majoration et minoration du seuil central T_0 par les demi écarts types respectifs σ_m et σ_n. Dans ce cas, on a alors ($\iota = 2$) :

$$T_h = T_0 + \frac{\sigma_m}{\iota} \quad et \quad T_l = T_0 - \frac{\sigma_n}{\iota} \quad (5.36)$$

5.5.2 Décomposition multidirectionnelle par SHD

5.5.2.1 Seuillage sur l'intensité

Le seuillage sur l'intensité (SI) a pour rôle de segmenter l'image filtrée en plusieurs classes, la cible N (nappe) et le fond M (mer), en n'utilisant que l'histogramme. À chaque mode de ce dernier, est associé l'une des classes citées. Le site s muni de la donnée $f_{IF}(s)$ appartient soit à l'une, soit à l'autre. On se limite au critère du maximum de vraisemblance en comparant les probabilités $P(s_i, s_i \in N)$ et $P(s_i, s_i \in M)$ d'appartenance de s_i au classes N et à M. Ainsi, le seuillage est un opérateur χ qui dépend uniquement de deux variables :

$$SI(s_i) = \chi\big(T_0, f_{FI}(s_i)\big) \quad (5.37)$$

Le seuil T_0 découpe l'espace en deux régions identifiables par les pics de l'histogramme. En outre, il existe plusieurs types de seuillage et quelque soit le mode, on passe d'une fonction à un ensemble. On généralise par ailleurs la définition du seuillage en trois cas : le *seuillage par borne inférieure*, le *seuillage par borne supérieure* et le *seuillage par bornes inférieure et supérieure*.

5.5.2.2 Seuillage par hystérésis

Le seuillage par hystérésis (SH) a été initialement utilisé pour la détection des structures linéaires dans les signaux à distribution gaussienne [20]. Selon ces travaux, un contour est un seuil d'amplitude auquel on ajoute un bruit. Il peut alors osciller entre deux bornes inférieure et supérieure. Dans ce cas, le SH est toujours régi par le maximum de vraissemblance et compare les probabilités conditionnelles $P(s_i, s_i \in N \,/\, s_{i-1}, s_{i-1} \in M)$ et $P(s_i, s_i \in M \,/\, s_{i-1}, s_{i-1} \in N)$ d'appartenance de s_i aux classes N et à M. C'est un opérateur à mémoire qui dépend cette fois de quatre variables :

$$SH(s_i) = \chi\big(T_h, T_l, f_{IF}(s_i), SH(s_{i-1})\big) \qquad (5.38)$$

Les seuils T_h et T_l découpent l'espace en trois intervalles $[0, T_l[$, $[T_l; T_h[$ et $[T_h; 65, 535]$, le premier représente la région polluée, le troisième la surface non polluée et le deuxième la zone de conflit. Cette dernière associe chacune des classes par les seuils marquant le phénomène d'hystérésis. Le SH se caractérise par un seul mode de balayage de l'image. Lorsqu'il sollicite de manière distinguée les directions de l'espace polaire, il est dit *directionnel*.

5.5.2.3 Seuillage par hystérésis directionnel

Pour définir une direction localement invariante de l'hystérésis, considérons que le traitement de l'image est fait pixel après pixel et que le balayage de l'image est assuré par ordre croissant de l'indice i (de 1 à N). Dans ces conditions, la direction unitaire de seuillage (figure 5.2) relativement au voisinage 8-connexité du site courant s_i est :

$$\overrightarrow{d} = \frac{\overrightarrow{s_{i-1} - s_{i+1}}}{\|\overrightarrow{s_{i-1} - s_{i+1}}\|} = \overrightarrow{x} \cdot \cos\theta + \overrightarrow{y} \cdot \sin\theta \qquad (5.39)$$

où θ est l'angle d'hystérésis ($0 \leq \theta \leq 2\pi$). En prenant en compte le mode de balayage de l'image, l'angle d'hystérésis influence le processus de segmentation. La relation (5.38) de dépendance du seuillage par hystérésis devient alors celle du seuillage par hystérésis directionnel (SHD) dépendante de θ tel que :

$$SHD_\theta(s_i) = \chi\big(T_h, T_l, f_{IF}(s_i), SHD_\theta(s_{i-1})\big) \qquad (5.40)$$

Nous rappelons que $f_{IF}(s_i)$ est la mesure de la radiométrie associée au site courant s_i dans l'image filtrée, $SHD_\theta(s_{i-1})$ le résultat du SHD du précédent site s_{i-1} conformément à la direction de l'hystérésis $\overrightarrow{d}$ définie par l'angle d'hystérésis θ, T_h le seuil haut, T_l le seuil bas, i varie de 1 à N, θ de 0 à 2π.

Dans la pratique numérique, l'image est discrète. Par conséquent, l'espace des directions doit être échantillonné conformément à la topologie de l'image. L'angle θ devient alors dépendant d'une variable k que nous nommons *indice de direction*. On a alors :

5.5. FUSION INTERPOLÉE DES RÉPONSES ISSUES DU SHD

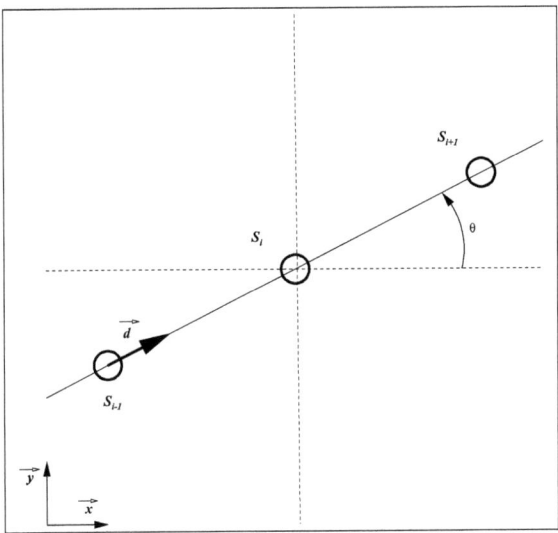

FIGURE 5.2 – Illustration de la direction du seuillage par hystérésis directionnel obtenue à partir de l'angle d'hystérésis θ.

$$\theta_k = \frac{2\pi}{p}(k-1) \quad et \quad k = 1, 2, 3, ..., p \qquad (5.41)$$

où p représente le nombre de directions. En outre, la structure la plus étendue qui permet d'avoir un pas d'échantionnage constant est le voisinage 8-connexité. Pour coder les contours des objets dans les images [44], *Freeman* a découpé l'espace des directions autour du voisinage suscité (figure 5.3). Dans ce cas, $p=8$, les directions 0, 1, 2, 3, 4, 5, 6 et 7 correspondent respectivement aux angles d'hystérésis θ_1, θ_2, θ_3, θ_4, θ_5, θ_6, θ_7 et θ_8. Le SHD est alors tenu d'explorer l'image successivement dans les 8 directions de Freeman.

5.5.3 Fusion interpolée

À l'issue de l'étape précédente, 8 images binaires, de formats identiques, sont disponibles. Elles sont représentatives de décisions décentralisées, c'est-à-dire de décisions locales au niveau de sources séparées. La décision globale s'appuyant sur les décisions locales lui confère un système de fusion dit de décisions. Il doit permettre

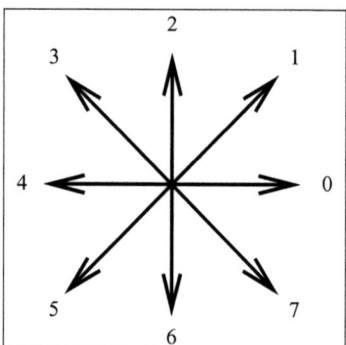

FIGURE 5.3 – Les 8 directions de Freeman à considérer dans un voisinage 8-connexité correspondant aux 8 angles d'hystérésis respectifs

un meilleur arbitrage des conflits provenant des différences issues de la variation de l'angle d'hystérésis. Ainsi, l'objectif visé par la fusion des réponses du SHD est de trouver un meilleur compromis du point de vue de la précision de la détection.

Sur l'ensemble des 8 sources d'information SHD_{θ_1}, SHD_{θ_2}, SHD_{θ_3}, SHD_{θ_4}, SHD_{θ_5}, SHD_{θ_6}, SHD_{θ_7}, SHD_{θ_8}, nous souhaitons prendre une décision dans un ensemble de deux décisions d_n, d_m. La fusion procède en trois étapes : la modélisation, la combinaison et la décision. La modélisation consiste à faire un choix de représentation M_k^j de la source SHD_{θ_j} sur la décision d_k. Le modèle de représentation est la théorie des probabilités. L'information y est représentée par une probabilité conditionnelle, notamment la probabilité pour qu'un pixel s_i appartienne à une classe particulière C_k. Cette probabilité est estimée à partir des caractéristiques $f_{SHD_{\theta_j}}(s_i)$. D'où :

$$M_k^j(s_i) = p\big(s_i \in C_k / f_{SHD_{\theta_j}}(s_i)\big) \qquad (5.42)$$

La combinaison qui gère au mieux la redondance et la complémentarité des informations dans ce contexte d'images binaires est un opérateur autonome à comportement constant [14]. L'opérateur le moins indulgent est le maximum de l'information recherchée représentant le maximum du degré de confiance, encore appelé le maximum du degré d'appartenance en fusion floue. Dans le contexte de la signature ciblée (radiométrie faible), l'opérateur correspond au minimum des valeurs de gris SHD_{θ_j}. L'image résultante SHD à valeurs f_{SHD} est construite à partir de la fusion deux à deux, des informations disponibles dans chacun des canaux directionnels par :

$$f_{SHD}(s_i) = \wedge f_{SHD_{\theta_j}}(s_i) \quad avec \quad 1 \leq i \leq N \quad et \quad 1 \leq j \leq 8 \tag{5.43}$$

En définitive, les formes produites sont approximées dans les directions intermédiaires par interpolation non linéaire, notamment par l'utilisation d'une ouverture morphologique γ_{D° d'élément structurant carré D°. L'image des signatures des nappes qui en résulte est décrite par l'expression :

$$f_{IS}(s_i) = \big(\gamma_{D^\circ} \circ f_{SHD}\big)(s_i) \tag{5.44}$$

5.6 Application à l'imagerie RSO

5.6.1 Données RSO de la surface de l'océan

Deux régions océanographiques ont été choisies pour l'exploration des images RSO correspondantes : l'océan atlantique au large du golfe de Guinée (Z_A) et la mer Méditérranée au large de la côte de la Grèce (Z_B). Les sites correspondants sont présentés à la figure 5.4. Le premier site au large du littoral Camerounais est soumis à un climat équatorial. Il est un lieu convergent de diverses activités industrielles de nature pétrolière mais demeurre sans surveillance de la pollution par les hydrocarbures. Le deuxième site, soumis à un climat plutôt tempéré, se caractérise par un environnement encore plus agressif du point de vue de l'intensité toujours croissante du trafic maritime. Plusieurs projets opérationnels d'observation et de surveillance d'envergure y sont menés depuis plus d'une dizaine d'années.

Les données disponibles (figure 5.5) pour tester les algorithmes sont constituées de trois extraits d'image au format PRI du capteur RSO du satellite ERS-2. L'extrait d'image de la figure 5.5a est issue de l'océan Atlantique, au large du littoral camerounais et de l'île de Malabo (S_A). Elle est faite de 270 pixels en distance, 270 pixels en azimut et été acquise le 17 janvier 1999. Les extraits (b) et (c) de la même figure sont de la mer Méditerranée (S_B) et acquises le 09 juin 1999 : (b) mesure 512 pixels (en distance et en azimut) et (c) 656 pixels. L'extrait (c) a été acquis dans des conditions turbulentes de l'eau de mer, (b) dans un contexte moins agité et (a) dans un environnement marin relativement paisible. De part leurs origines, ils sont tous issus de données étalonnées multivues sans autre forme de filtrage du chatoiement. Ce speckle y est naturellement aggravé par les phénomènes liés aux vagues en mouvement de la surface des dits océans.

En l'absence d'une réalité de terrain "pixéliquement" établie, nous définissons une image (figure 5.6) représentative des mesures de terrain. Cette image dite de réalité de terrain est issue de l'extrait de la figure 5.5b - donc de caractéristiques identiques que ce dernier - publié par le programme Européen MARSAIS, et pour

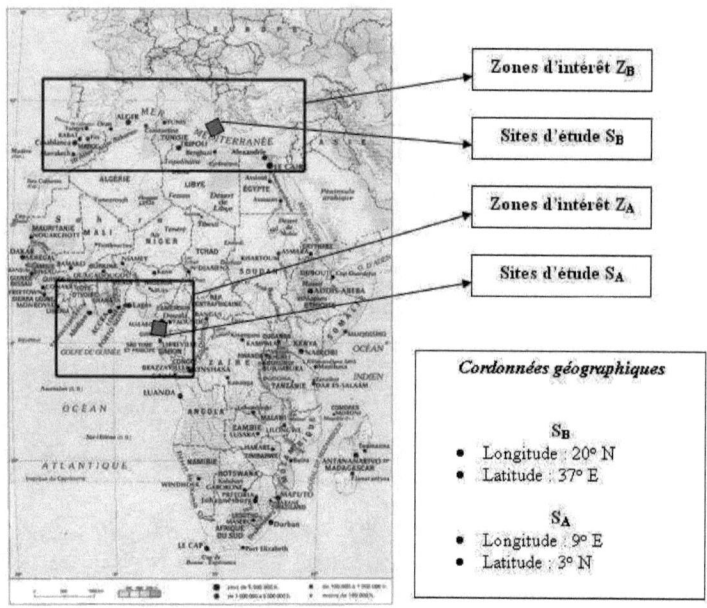

FIGURE 5.4 – Localisation des océans observés et des sites d'étude

5.6. APPLICATION À L'IMAGERIE RSO

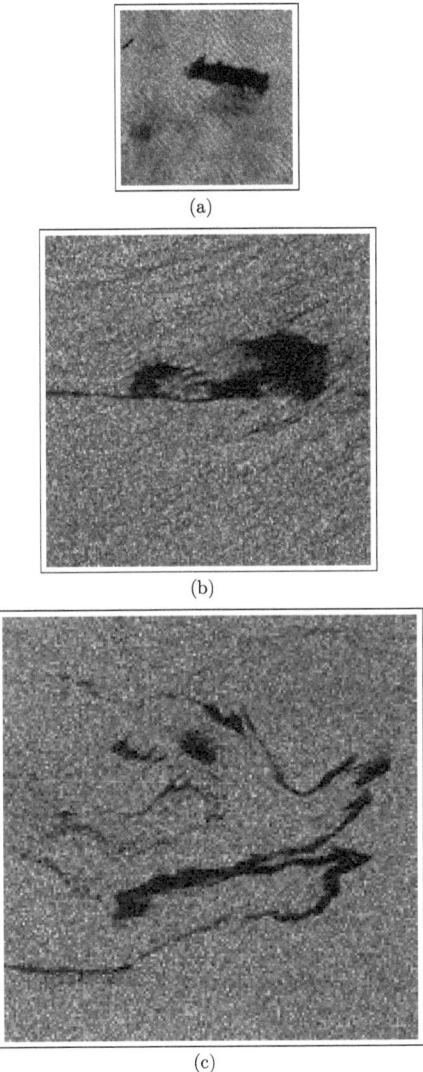

FIGURE 5.5 – Extraits d'images originales RSO. a : *Littoral Camerounais dans le golfe de Guinée*; b : *Côte de la Grèce, mer moyennement calme*; c : *Côte de la Grèce, mer relativement agitée*.

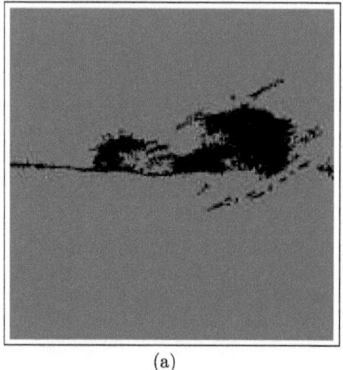

(a)

FIGURE 5.6 – Image de *réalité de terrain* obtenue par photo-interprétation

laquelle la présence d'hydrocarbure est dite validée. Les limites spatiales des hydrocarbures ont été obtenues par une analyse thématique dirigée et minutieusement menée par photo-interprétation. Dans ce cas, la certitude d'une pollution par des hydrocarbures est maximale et la précision globale est relative au comportement actif du système visuel.

5.6.2 Mise en œuvre de la FIRSHD

Pour une estimation de la radiométrie locale, les filtres de réduction de bruit d'usage universel sont préférés. Le moyenneur présente beaucoup d'atouts. Il peut s'interpréter en imagerie radar comme une technique de multivues.

Sa fenêtre de traitement est généralement de forme carrée. Plus sa taille est grande, plus il réduit le chatoiement, et plus les bords des objets sont rendus imprécis. Il faut trouver un compromis entre l'appartenance des pixels à la même région physique (stationnarité) et le nombre plus important possible de pixels à considérer. Le problème est minimisé dès lors que la taille et la forme de l'élément structurant D^* destiné à l'érosion morphologique envisagée à l'équation (5.32) est identique. En outre, les grandes tailles ne sont pas recommandées. Le choix s'oriente vers une fenêtre carrée de taille trois pixels.

En principe, l'élément structurant permet de définir la dimension des objets à caractériser à la surface de la mer. Pour une certaine symétrie par rapport au site courant, la forme carrée est le plus souvent privilégiée. Sa taille, quand elle est petite,

5.6. APPLICATION À L'IMAGERIE RSO

N^o	Images originales	$\vee f_{IG}$	$\wedge f_{IG}$	$\mu_{f_{IG}}$	$\sigma_{f_{IG}}$
1	Image (a)	102	0	17	13
2	Image (b)	124	0	21	15
3	Image (c)	121	0	19	14

TABLE 5.1 – Quelques stastistiques sur les images de gradient issues des originales de la figure 5.5

influence très peu les résultats de l'image filtrée IF quand on passe d'un niveau au suivant. Il n'est pas souhaitable non plus de l'étendre à l'excès. Les éléments structurants de plus grande taille caractérisent moins finement les régions. Le gradient morphologique interne est alors mesuré sur une trame carrée unitaire 8-connexité. Quelques paramètres utilisés pour la caractérisation de la texture des différentes images sont présentées dans le tableau 5.1.

Le coefficient de pondération varie en fonction de la région explorée. Il tend vers son maximum $\vee K$ ($\vee K = 1$) quand il est question d'une zone homogène, à l'image de celle occupée par les nappes d'hydrocarbures. Par contre, il a tendance à s'annuler (minimum $\wedge K = 0$) lorsqu'on est situé dans la région texturée de la mer non polluée. Dans la réalité, ces limites sont difficilement atteintes. Les valeurs intermédiaires constituent alors le compromis entre ces deux points de vue. Et l'atténuation des fluctuations de la radiométrie se fera sur la base du dit compromis.

En d'autres termes, la valeur du filtre est simplement la moyenne locale lorsque la surface de la mer est très granulée et le filtre restitue la radiométrie ponctuelle initiale lorsque l'océan est localement lisse. L'érosion morphologique regénère l'information perdue aux limites des nappes détectées par l'usage d'un élément structurant de forme et taille égale à la fenêtre du lissage (figure 5.7). Pour le visualiser, il suffit de comparer les images des signatures obtenues dans les deux cas, avec et sans érosion de régénération. Ceci est valable lorsque la forme de la nappe est grossière. Or, dans des cas spécifiques des formes de nappes particulières, les éléments structurants doivent s'adapter à celles-ci. Un élément additif (figure 5.8) vient alors renforcer la signature [139]. L'élément résultant est un masque de forme et taille dépendant des résultats d'une présegmentation. Dans le cas par exemple d'une nappes linéaire et horizontale, l'analyse a conduit à un élément de la figure 5.9.

Les occurrences représentées à la figure 5.11 traduisent bien la bimodalité retrouvée dans les images filtrées. La moyenne est conservée, l'ecart type est réduit, les artéfacts sont éliminés, le bruit est atténué, les contours des objets sont conservés, la mesure des seuils et la segmentation de l'image seront dans ce cas simplifiées.

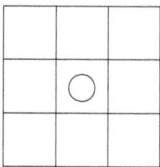

FIGURE 5.7 – Élément structurant carré de taille 3 pour une regénération globale

FIGURE 5.8 – Élément structurant linéaire horizontal pour la regénération du sillage

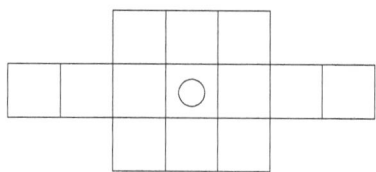

FIGURE 5.9 – Élément structurant complexe issu de la composition des éléments structurants carré de taille 3 (figure 5.7) et celui linéaire horizontal (figure 5.8)

5.6. APPLICATION À L'IMAGERIE RSO

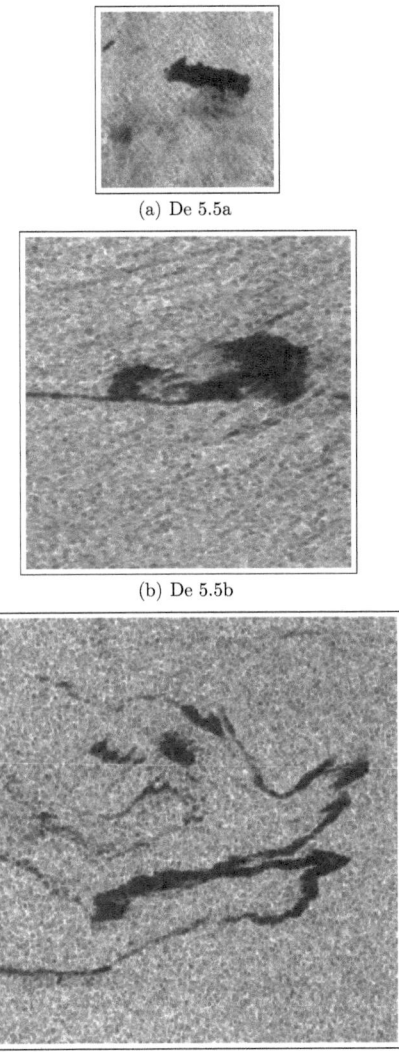

(a) De 5.5a

(b) De 5.5b

(c) De 5.5c

FIGURE 5.10 – Images filtrées des images originales de la figure 5.5

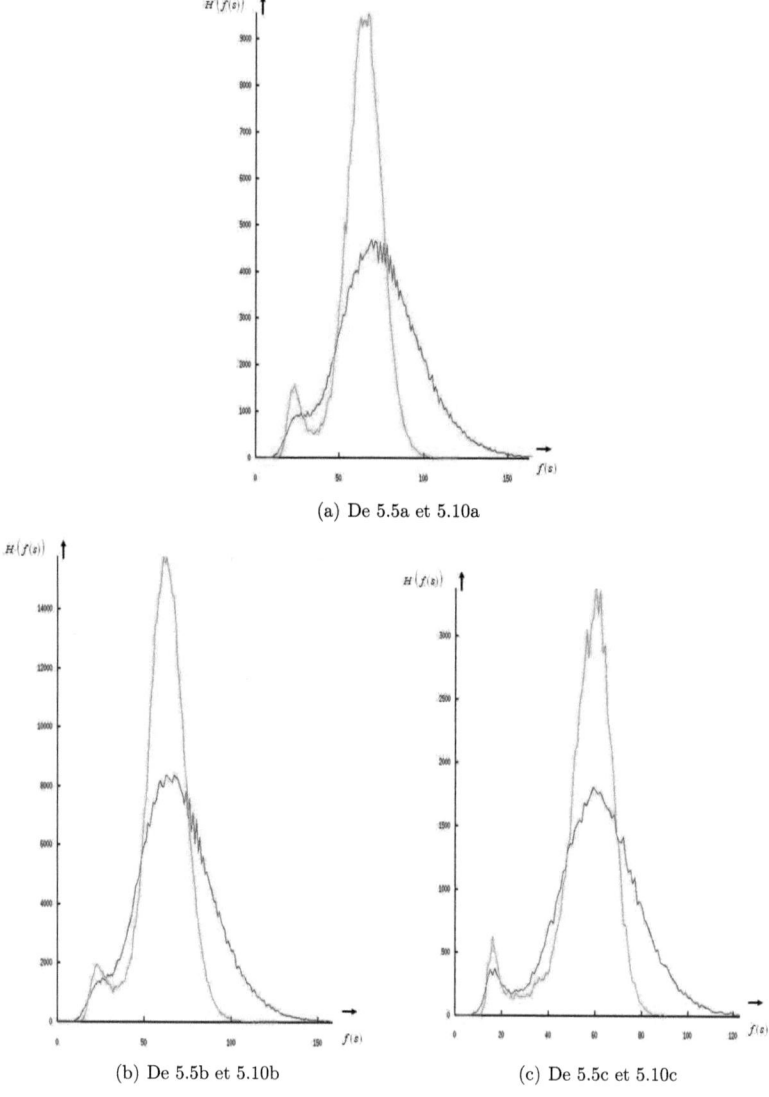

FIGURE 5.11 – Mise en évidence de la bimodalité dans les histogrammes des images originales de la figure 5.5 (en rouge) et des images filtrées correspondantes de la figure 5.10 (en vert). $f(s)$: Valeur de niveau de gris. $H(f(s))$: Densité de probabilité empirique des $f(s)$.

5.6. APPLICATION À L'IMAGERIE RSO

La mesure du seuil central (section 5.5), et par conséquent des seuils haut pour la région de faible radiométrie et bas pour la couche de forte rétrodiffusion, s'avère concluante dans certaines images qui remplissent les conditions de bimodalité et pas dans d'autres. Ce qui a parfois conduit à avoir recours à une technique supervisée totale. Dans les deux cas, les observations faites lors de cet apprentissage conduisent à des seuils acceptables eu égard les résultats finaux obtenus.

La figure 5.12 illustre bien la segmentation dans chacune des directions explorées $\theta_1 = 0$ (c), $\theta_2 = \frac{\pi}{4}$ (d), $\theta_3 = \frac{\pi}{2}$ (e), $\theta_4 = \frac{3\pi}{4}$ (f), $\theta_5 = \pi$ (g), $\theta_6 = \frac{5\pi}{4}$ (h), $\theta_7 = \frac{3\pi}{2}$ (i), $\theta_8 = \frac{7\pi}{4}$ (j). Les informations directionnelles, en l'occurrence les signatures des nappes, sont extraites sous la forme de structures linéaires dans les huit directions de l'espace échantillonné par Freeman. Dans cette zone d'illustration, la somme exclusive des informations complémentaires et redondantes est récupérée dans l'image SHD (figure 5.12k) issue de la fusion.

Les directions intermédiaires, c'est à dire pour $0 < \theta < \frac{\pi}{4}$, $\frac{\pi}{4} < \theta < \frac{\pi}{2}$, $\frac{\pi}{2} < \theta < \frac{3\pi}{4}$, $\frac{3\pi}{4} < \theta < \pi$, $\pi < \theta < \frac{5\pi}{4}$, $\frac{5\pi}{4} < \theta < \frac{3\pi}{2}$, $\frac{3\pi}{2} < \theta < \frac{7\pi}{4}$ et $\frac{7\pi}{4} < \theta < 2\pi$, sont prises en compte suite à une interpolation conduite par une ouverture morphologique d'élément structurant carré et unitaire. Cet opérateur a permis d'atténuer les discontinuités observées en bordure de la signature détectée des nappes dans l'image SHD. Ses bords sont alors lissés dans l'image des signatures IS (figure 5.12l). De cette manière, la technique développée a été appliquée aux images originales (figure 5.5), au point de conduire aux images de signatures des nappes d'hydrocarbures présentées à la figure 5.13.

Dans un contecte agité de l'environnement marin (figure 5.13c), le SHD permet de détecter les nappes présentées sous forme oblongues. Les nappes flottantes sont correctement localisées et les aspérités à leurs limites (zone de conflit) également. ces dernières se traduisent par des étirements orientés de la cible en fonction de chacune des directions explorées et produites dans les huit images binaires provenant du SHD. Cette disposition quelque peu désordonnée des tâches aux limites caractérise au mieux la cible recherchée. Les réponses se révèlent alors riches d'informations complémentaires.

En outre, lorsque la mer est calme (figure 5.13a), les nappes présentent une attitude homogène peu dispersée, traduisant ainsi la nature redondante des informations disponibles dans les réponses SHD_{θ_j}.

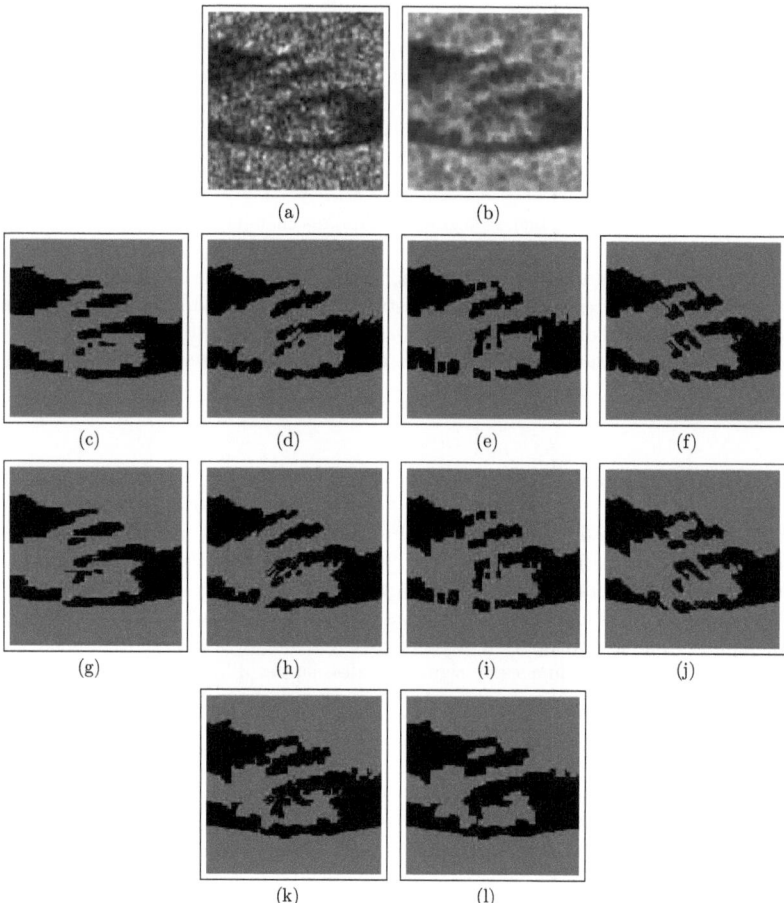

FIGURE 5.12 – Illustration de la méthode par le traitement d'une zone ambigue d'image RSO. (a) : Image originale I. (b) : Image filtrée IF. (c) : Image seuillée par hystérésis dans la direction (SHD) $\theta_1 = 0$ (SHD_{θ_1}). (d) : SHD_{θ_2}, $\theta_2 = \frac{\pi}{4}$. (e) : SHD_{θ_3}, $\theta_3 = \frac{\pi}{2}$. (f) : SHD_{θ_4}, $\theta_4 = \frac{3\pi}{4}$. (g) : SHD_{θ_5}, $\theta_5 = \pi$. (h) : SHD_{θ_6}, $\theta_6 = \frac{5\pi}{4}$. (i) : SHD_{θ_7}, $\theta_7 = \frac{3\pi}{2}$. (j) : SHD_{θ_8}, $\theta_8 = \frac{7\pi}{4}$. (k) : Image SHD issue de la fusion des SHD_{θ_j}, $j = 1, 2, 3, 4, 5, 6, 7, 8$. (l) : Image des signatures IS obtenue par interpolation des bords de SHD.

5.6. APPLICATION À L'IMAGERIE RSO

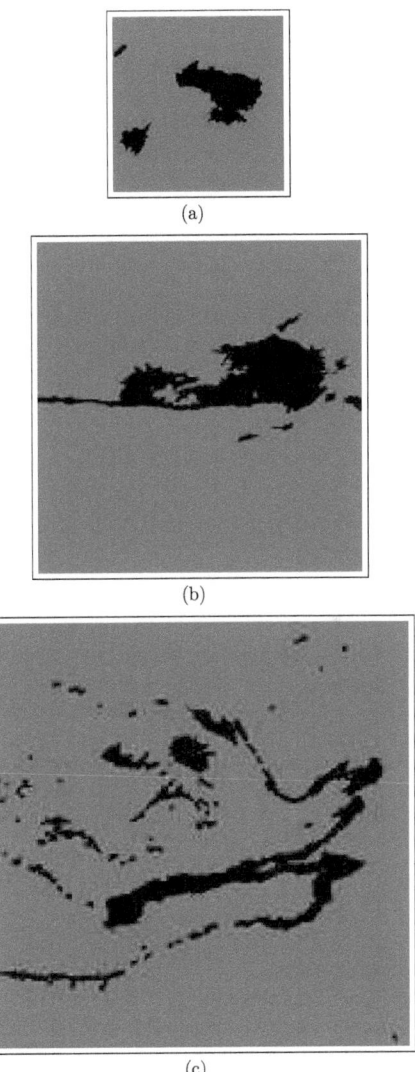

FIGURE 5.13 – Images des signatures des nappes d'hydrocarbures issues respectivement des originales de la figure 5.5.

5.7 Méthode d'évaluation

Pour apprécier les résultats obtenus, il est judicieux d'évaluer la méthode développée. Et dans l'hypothèse que la segmentation idéale est connue *a priori*, la qualité des classificateurs est évaluée par l'usage de la matrice de confusion du point de vue de la cible observée. La probabilité de détection, notée P_d, est assimilée à la précision de la détection des signatures des nappes d'hydrocarbures correspondant au taux de pixels bien classés. Par conséquent, la probabilité de fausses alarmes signalée dans la mer non polluée, notée P_{fa}, devient équivalente à l'erreur de commission à la détection du fond de l'image.

Soit $V = \{C_1, C_2, ..., C_c\}$, l'ensemble des classes, la matrice de confusion M_c, de taille c, calculée à partir des échantillons de référence et constituée des éléments $M_c(i,j)$ [107] (i et j = 1,2,...,c). On peut calculer le pourcentage de points de la classe i classés dans la classe j par :

$$P_c(i,j) = \frac{M_c(i,j)}{m_j} \quad (5.45)$$

où m_j est le nombre de points des échantillons de la classe j et exprimé par :

$$m_j = \sum_{i=1}^{c} M_c(i,j) \quad (5.46)$$

Dans le contexte à deux classes, la précision utilisateur de la classe C_n de la surface polluée par les nappes se calcule en identifiant i et j à la cible, l'erreur de commission quant à elle se définit en identifiant i et j plutôt à la classe C_m de la surface de la mer non entâchée par les hydrocarbures. La combinaison des relations (5.45) et (5.46) conduit alors aux expressions des probabilités de détection P_d et de fausses alarmes P_{fa} :

$$P_d = \frac{M_c(C_n, C_n)}{\sum_{i=1}^{c} M_c(i, C_n)} \quad (5.47)$$

$$P_{fa} = 1 - \frac{M_c(C_m, C_m)}{\sum_{i=1}^{c} M_c(i, C_m)} \quad (5.48)$$

Pour l'évaluation finale de la classification, la précision P_{seg} mesurant le taux de global de pixels, quelqu'ils soient (C_n ou C_m), correctement classés est la somme des mesures de la diagonale sur la somme totale des coordonnées de la matrice de confusion. En d'autres termes, elle peut s'exprimer sous la forme :

$$P_{seg} = \frac{P_d + 1 - P_{fa}}{c} \quad (5.49)$$

Finalement, P_{seg} décide du compromis entre P_d et P_{fa}. Les résultats quantitatifs issus des images étudiées sont présentés dans le tableau 5.2.

5.8 Interpétation et discussion des résultats

La FIRSHD peut maintenant être comparée à un certain nombre d'algorithmes de segmentation classiques qui ont été préalablement décrits, notamment le seuillage sur l'intensité, l'algorithme c-moyenne floue tel que utilisé dans [5, 6] et l'approche multiéchelle de [112]. L'analyse des résultats provenant de ces méthodes est envisagée sous deux points de vue : l'analyse qualitative et l'analyse quantitative. La comparaison qualitative consiste à appliquer ces outils sur le même jeu d'images et de juger de la qualité visuelle des signatures produites ou d'un apprentissage local de la segmentation. Pour la comparaison quantitative, une image de vérité terrain a été produite par photo-interprétation (figure 5.6) afin d'en estimer la précision globale de la segmentation.

Du point de vue qualitatif, l'apport de la FIRSHD est considérable (figures 5.14, 5.15, 5.16 et 5.17). Les nappes détectées sont visiblement bien localisées et le fond est dépourvu de fausses alarmes sur l'ensemble des trois contextes marins traduits par les trois images (figures 5.14a, 5.15a et 5.16a). Avec les approches préalablement proposées, il est difficile d'obtenir cette unanimité des résultats sur toutes les images à la fois. Dans certains cas, elles aboutissent à de bons résultats et, dans d'autres, elles sont inadaptées.

Par exemple, la technique multiéchelle par l'usage des champs de Markov dégage une quantité visible de fausses alarmes dans l'image des signatures de la figure 5.15b. Elle peut aussi produire une classe de conflit 5.14b où plane l'incertitude entre les nappes d'hydrocarbures et l'eau de l'océan non polluée. Lorsque cette zone de conflit est attribuée aux nappes, la méthode s'identifie à un surclassificateur. Dans le cas contraire, la détection est insuffisante. Par contre, elle démontre des atouts à l'image de signatures de la figure 5.16b.

D'autre part, le seuillage sur l'intensité et l'approche de *Barni et al.* simplifiée génèrent une quantité moins importante de fausses alarmes (figures 5.14c, 5.15c et 5.16c) quand ils sont précédés d'un filtrage par la moyenne marginale. Il en est de même pour la FIRSHD brute sans filtrage préalable sur l'image acquise de la mer agitée (figure 5.17c). Lorsque les eaux sont moins agitées, ces trois dernières améliorent la détection. Particulièrement à la figure 5.15c, la FCM provoque une surclassification sur les images RSO et génère un taux de fausses alarmes inquiétant. Visiblement, la FIRSHD sans filtrage, ni interpolation des bords des signatures, af-

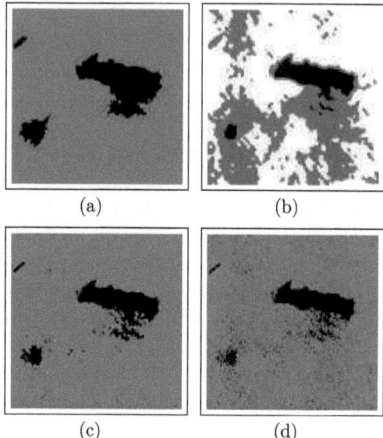

FIGURE 5.14 – Comparaison des différentes méthodes décrites par analyse visuelle des images de signatures issues de l'extrait du littoral Camerounais de la figure 5.5a. a : FIRSHD. b : modèle de Markov. c : FCM. d : SI.

fine la détection des structures fines et met en exergue les aspérités aux bordures des nappes émanant de l'interaction entre celles-ci et l'eau de l'océan (figures 5.17a, 5.17a et 5.17a). L'autre atout à relever de la FIRSHD est sa capacité à caractériser et à détecter le sillage fortement marqué dans l'image de la figure 5.15a, contrairement aux autres images (figures 5.15b, 5.15c et 5.15d) produites au moyen des approches classiques citées.

Du point de vue de la mesure quantitative des résultats obtenus, les méthodes sont évaluées par les probabilités de détection, de fausses alarmes et de segmentation (tableau 5.2). La plupart d'elles conduisent à des résultats acceptables en fonction des priorités voulues de la détection.

En ce qui concerne la précision de la segmentation, la FIRSHD apporte une meilleure contribution à la détection des signatures des nappes. Elle produit 95,6% de pixels bien classés et 1,9% de fausses alarmes à la surface de la mer non entâchée de nappes. Par rapport à la méthode de prédilection, notamment le seuillage sur l'intensité [13, 19, 143], elle génère un accroissement de la probabilité de détection de 5,5% et une légère hausse de la probabilité de fausses alarmes de 0,5%. Sa précision globale est évaluée à 96,9%, soit un gain de 2,6% sur le SI. En terme de performance, elle garde un profil haut par rapport à la FCM (96,7%) quand celle-ci est précédée d'un lissage par la moyenne locale. La FRSHD (FIRSHD sans interpolation ni fil-

5.8. INTERPÉTATION ET DISCUSSION DES RÉSULTATS

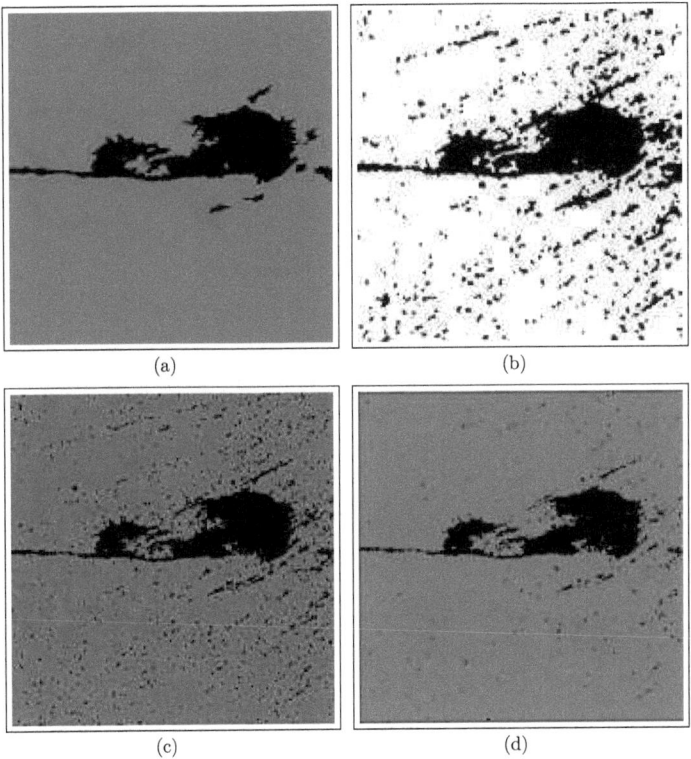

FIGURE 5.15 – Comparaison des différentes méthodes décrites par analyse visuelle des images de signatures issues de l'extrait de la côte de la Grèce de la figure 5.5b. (a) : FIRSHD. (b) : modèle de Markov [112]. (c) : FCM [5, 6]. (d) : SI.

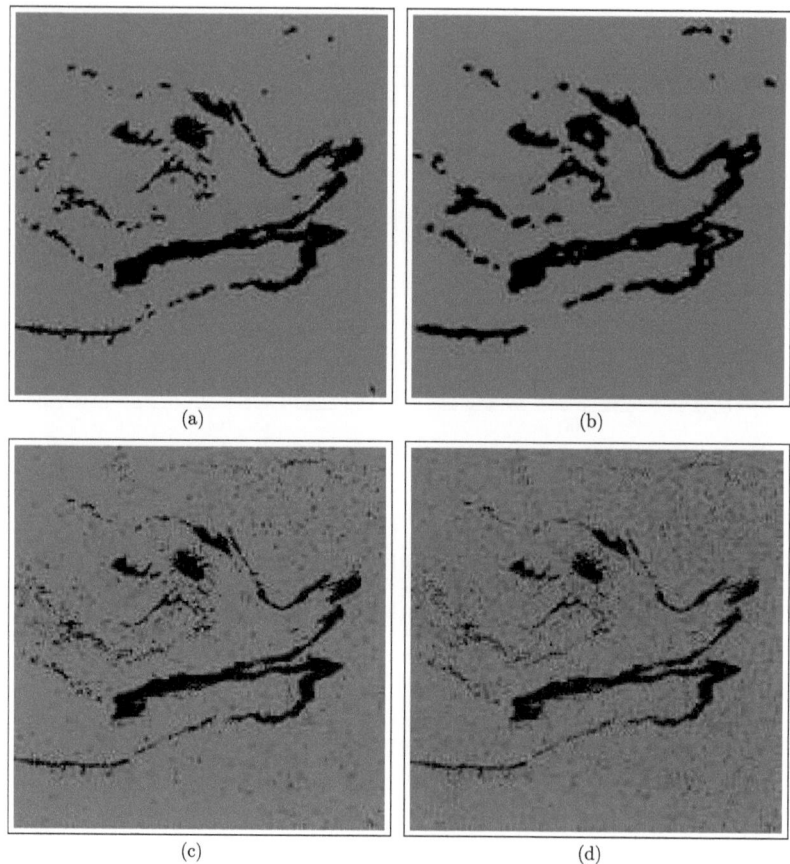

FIGURE 5.16 – Comparaison des différentes méthodes décrites par analyse visuelle des images de signatures issues de l'extrait de la côte de la Grèce de la figure 5.5c. (a) : FIRSHD. (b) : modèle de Markov [112]. (c) : FCM [5, 6]. (d) : SI.

5.8. INTERPÉTATION ET DISCUSSION DES RÉSULTATS 151

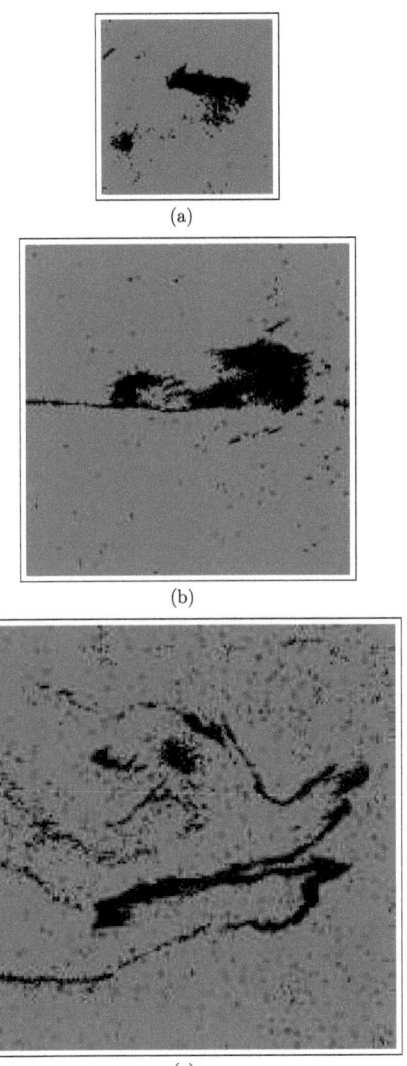

FIGURE 5.17 – Images des signatures obtenues de la FIRSHD sans filtrage contextuel, ni interpolation, à partir des originales RSO de la figure 5.5. (a) : Littoral Camerounais dans le golfe de Guinée, mer calme. (b) : Côte de la Grèce, mer moyennement calme. (c) : Côte de la Grèce, mer relativement agitée.

N^o	Méthodes	$P_d(\%)$	$P_{fa}(\%)$	$P_{seg}(\%)$
1	FIRSHD avec filtrage contextuel	95,6	1,9	96,9
2	FRSHD sans filtrage contextuel	93,7	0,8	96,4
3	Modèle de Markov [112]	97,2	9,7	93,7
4	FCM [5, 6] avec filtrage par la moyenne	98,8	5,4	96,7
5	FCM [5, 6] sans filtrage	99,6	13,1	93,2
6	SI précédé d'un lissage par la moyenne	90,1	1,4	94,3
7	SI classique sans filtrage	80,3	1,5	89,4
8	Pyramides hybrides	90,1	0,7	94,7

TABLE 5.2 – Synthèse des performances des différentes méthodes de segmentation des nappes d'hydrocarbures

trage) vient alors en troisième position avec 96,4% de pixels bien classés. Et si le taux de fausses alarmes devient prioritaire, elle totalise un meilleur score, soit 0,8%.

5.9 Conclusion

Dans ce chapitre, il a été présenté une première stratégie de segmentation des nappes d'hydrocarbures à partir d'images RSO. Il s'agit de la stratégie basée sur le seuillage par hystérésis directionnel. Elle est fondée sur une interprétation de la physique hydrodynamique des nappes à la surface de l'océan. Elle effectue d'abord une régularisation de l'observation basée sur un modèle de filtrage adapté à la texture locale de l'image, celle-ci étant perçue par des opérateurs de morphologie mathématique. Elle effectue ensuite une segmentation des nappes par l'usage du seuillage par hystérésis, qui prend en compte les effets de l'émulsion induite par l'interaction entre les hydrocarbures et l'eau de la mer.

Les images des nappes détectées sont d'une qualité exceptionnelle. Les résultats quantitatifs ont généré une probabilité de détection de 95,6%, une probabilité de fausses alarmes de 1,9% et une probabilité de détection globale de 96,9%. Certes, ils dénotent une amélioration de la détection des nappes dans les images RSO à l'issu de l'étude comparée avec ceux des résultats générés par les techniques de traitement connues. Néamoins, ils ont été produits sur la base d'hypothèses et d'images qui ne traduisent pas toute la variabilité de l'environnement marin. En outre, la mise en œuvre spatiale de la réalité de terrain étant extrêmement difficile et onéreuse, les algorithmes sont évalués à partir d'une image de terrain définie par photo-interprétation. De ce fait, les évaluations présentées sont acceptables sous condition d'une bonne précision du comportement actif du système visuel.

Chapitre 6

Une approche multi échelle de détection des nappes d'hydrocarbures dans les images RSO à l'aide des pyramides hybrides

6.1 Introduction

Un état de la situation scientifique sur les méthodes de segmentation des nappes dans les images RSO d'observation des océans a été dressé au chapitre 4. Il en ressort que les techniques statistiques "mono canal" pour la plupart présentent des défaillances à détecter les nappes, face à la diversité des phénomènes observés à la surface de l'océan. Cette situation a conduit depuis quelques années à l'exploration d'approches multi capteur, notamment les techniques multi résolution, multi fréquence, multi incidence et multi polarisation [29, 100, 101]. Cette vision méthodologique est d'avantage onéreuse. La tendance trouvée pour le compromis par rapport au coût est une classe d'algorithmes statistiques dont le principe est basé sur une décomposition adéquate de l'observation. Ce sont les méthodes multiéchelles.

Dans le cadre de notre développement, nous sommes également tenus par des contraintes de coûts. Aussi, la disponibilité des données RSO est limitée aux images d'intensité mono fréquence. Dans ce contexte, nous espérons osculter et décomposer l'observation, puis rechercher les meilleurs combinaisons possibles afin d'extraire le maximum d'information, et les moindres détails, dans chacun des canaux générés. Pour celà, on a recours aux techniques de décomposition pyramidaux, notamment aux modèles hybrides.

En considérant la surface de l'océan comme étant le résultat d'une superposition de vagues de longueurs différentes (hypothèse 4, chapitre 4), l'observation acquise est alors caractérisée par une superposition d'images du spectre de vagues. Celles-ci sont décrites par des mesures de la variabilité locale, puis extraites à l'aide des pyramides hybrides développées dans des structures spécifiques à chaque échelle de vague. La fusion floue de ces dernières parachève la technique de détection des signatures des nappes d'hydrocarbures pour localiser le déficit d'énergie (hypothèse 2, chapitre 4). Les résultats de cette expérience sont ensuite présentés et analysés pour en retenir les forces et les limites de la méthode de détection développée.

6.2 Algorithmes pyramidaux

La notion de la décomposition pyramidale est née de la nécessité de la caractérisation des objets à des échelles différentes. Puis, les pyramides ont été utilisées dans la compression et la fusion des données. Quelque soit l'application envisagée, le schéma général de la transformation pyramidale reste le même.

6.2.1 Principe d'une transformation pyramidale

D'après [59], la pyramide consiste en un nombre, fini ou infini, de niveaux tel que le contenu en information diminue lorsque le niveau augmente. Chaque pas vers un niveau supérieur est implémenté par un opérateur d'analyse, réduisant l'information, tandis que chaque pas vers un niveau inférieur est implémenté par un opérateur de synthèse, préservant l'information.

Le principe des algorithmes pyramidaux repose donc sur une décomposition d'image en images de différentes résolutions sous forme d'arbre (figure 6.1), de sorte que la reconstruction soit possible, c'est à dire qu'un niveau supérieur puisse être restitué à partir d'un niveau inférieur. Ainsi, la décomposition se construit par itération de l'opérateur d'analyse T_j^d et la reconstruction par l'opérateur de synthèse T_j^r, sachant que j représente le niveau de résolution de la transformation.

T_j^d fait décroître la résolution et relie les valeurs de l'image projetée I_j du niveau j à celles de sa projection I_{j+1} et des images dérivées ID_{j+1} au niveau de résolution $j+1$:

$$(I_{j+1}, ID_{j+1}) = T_j^d(I_j) \tag{6.1}$$

T_j^r améliore la résolution et relie les valeurs de l'image projetée I_{j+1} au niveau $j+1$ à celles de sa projection I_j au niveau j par l'intermédiaire des images dérivées ID_{j+1}.

$$IR_j = T_j^r(I_{j+1}, ID_{j+1}) \tag{6.2}$$

6.2. ALGORITHMES PYRAMIDAUX

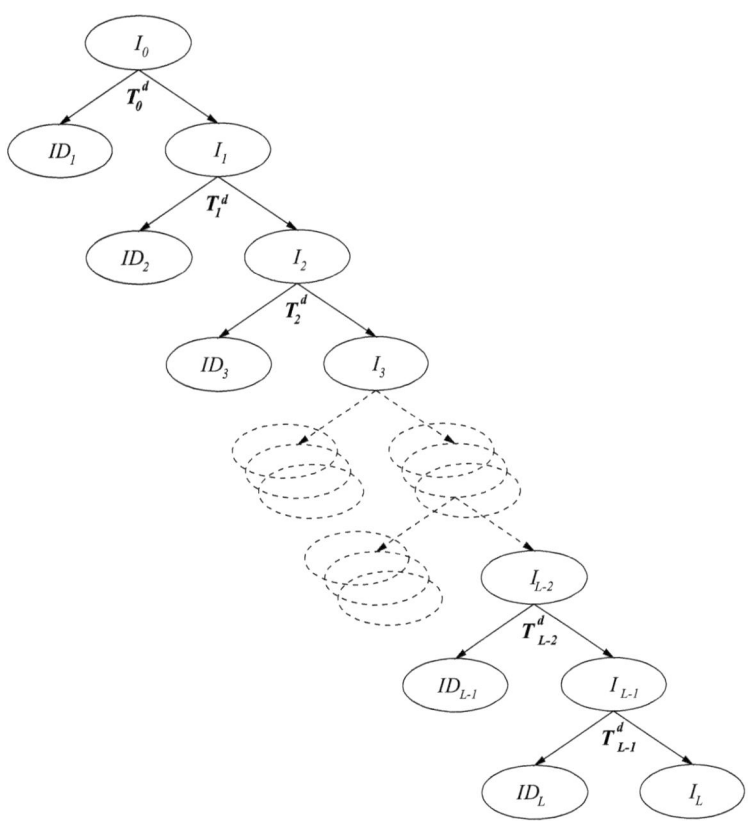

FIGURE 6.1 – Schéma de principe de la décomposition pyramidale.

158   CHAPITRE 6. UNE APPROCHE MULTIÉCHELLE POUR LA DNH

Par itération, jusquàu niveau L, de l'opérateur d'analyse sur l'image originale, c'est à dire sur l'image au niveau 0 de la pyramide, on a :

$$(I_L, I_{L-1}, ..., I_3, I_2, I_1, ID_1, ID_2, ID_3, ..., ID_{L-1}, ID_L) =$$
$$\left(T_{L-1}^d \circ T_{L-2}^d \circ ... \circ T_2^d \circ T_1^d \circ T_0^d\right)(I_0) \qquad (6.3)$$

Par itération, jusqu'au niveau initial 0, de l'opérateur de synthèse sur la dernière image filtrée I_L, l'image reconstruite d'origine est :

$$IR_0 =$$
$$\left(T_0^r \circ T_1^r \circ T_2^r \circ ... \circ T_{L-2}^r \circ T_{L-1}^r\right)(I_L, I_{L-1}, ..., I_3, I_2, I_1, ID_1, ID_2, ID_3, ..., ID_{L-1}, ID_L)$$
$$(6.4)$$

Bien que soumis au même principe, les algorithmes pyramidaux sont regroupés en trois familles : les pyramides morphologiques, les pyramides basées sur l'analyse en ondelettes et les pyramides classiques, notamment celles fondées sur l'itération d'un filtre classique et d'un échantillonnage. Du point de vue du caractère du filtre utilisé, ces pyramides sont dits soit *linéaires*, soit *non linéaires*. Parmi les premiers, on citera par exemple la pyramide gaussienne, la pyramide laplacienne et les pyramides soumises à l'analyse en ondelettes [16].

6.2.2 Pyramides morphologiques

Les algorithmes permettant la mise en œuvre des pyramides morphologiques sont initialement basés sur le principe de l'itération d'un filtrage morphologique et d'un échantillonnage. Puis, la notion a évolué vers l'itération plate d'un opérateur morphologique au choix. Et depuis quelques années, une étape de segmentation peut être adjointe à chaque niveau d'échelle issu de la décomposition, donnant lieu à l'existence des pyramides dites *par méthodes multirésolution*. Pour plus d'informations, une revue des algorithmes sur les trois approches est disponible dans [90].

À chaque échelle $j+1$ de la décomposition T_j^d, quatre opérations, ici nommées par ordre d'arrivée, s'activent : le filtrage morphologique, le calcul de la différence entre l'image avant le filtrage et l'image filtrée, l'échantillonnage et enfin le calcul de la différence entre l'image avant l'échantillonnage et l'image échantillonnée.

1. Filtrage morphologique

    L'image filtrée I_{j+1} est obtenu par l'usage d'un filtre morphologique. En général, il s'agit des filtres passe-bas remplissant les deux conditions de croissance

6.3. PYRAMIDE HYBRIDE

et d'idempotence à la section 5.2.2. De plus en plus, des filtres passe-bas non morphologiques, pourtant combinaison de filtres morphologiques élémentaires, sont proposés dans le cadre des pyramides morphologiques. On peut citer en exemple, le filtre $\frac{\phi_D + \gamma_D}{2}$ utilisé dans [90].

2. Calcul de la différence due au filtrage

    Les détails dus au filtrage ID_{j+1} sont calculés par la différence des images adjacentes, d'où $ID_{j+1} = I_j - I_{j+1}$. Cette image prend des valeurs positives et négatives. Les valeurs positives, nommées *détails supérieurs*, correspondent aux régions dont le niveau de gris est reduit par le filtrage et les valeurs négatives, nommées *détails inférieurs*, à celles dont la luminance est plutôt rehaussée par le filtrage.

3. Échantillonnage

    L'échantionnage consiste à dégrader la résolution, ce qui réduit la taille de l'image. Cette étape est caractérisée par le pas, ainsi que le mode de décimation.

4. Calcul de la différence due à l'échantillonnage

    Comme pour le calcul des détails dus au filtrage, la différence entre les images avant et après l'échantillonnage est calculée afin de ne pas perdre l'information au cours de la décomposition.

La recomposition T_j^r se resume alors en deux étapes : le sur-échantillonnage spatial et la prise en compte des détails calculés à l'échantillonnage, puis au filtrage.

6.3 Pyramide hybride

Nous définissons une décomposition pyramidale hybride comme étant une pyramide faisant usage d'un filtre hybride, c'est à dire un filtre basé à la fois sur des critères linéaires, et d'autres non linéaires. Nous nous intéressons particulièrement aux pyramides classiques (linéaires) d'une part, et à ceux morphologiques (non linéaires) d'autre part. La pyramide hybride proposée est alors de forme morphologique et fait usage d'un filtre linéaire pondéré par un critère non linéaire. Le filtre s'adapte aux ondulations de la surface de la mer. Il repose sur la combinaison d'un critère morphologique et d'un filtre de base linéaire. Son utilisation apporte une certaine originalité par rapport aux travaux antérieurs établis dans la littérature pour la détection des nappes d'hydrocarbures.

Certes, l'objectif de la pyramide morphologique est l'analyse des images à différentes résolutions spatiales, ce qui permet d'isoler des objets de tailles différentes à des échelles de transformation différentes. Dans notre approche, les objets à isoler sont des vagues de tailles variables. Par conséquent, nous conservons la résolution spatiale des images transformées. Les échelles de perception des oscillations dans ces images seront mises en exergue du point de vue structurelle. Ainsi, la décimation ne sera pas nécessaire, encore moins la recomposition.

Par conséquent, la surface de l'océan reflètant une superposition d'ondes, il est possible de la caractériser par un modèle "multirésolution". Notre méthode de détection des nappes fait alors usage des pyramides hybrides. L'hybridité du filtre utilisé réside dans le double caractère linéaire et non linéaire de la décomposition de l'image. Le concept non linéaire traduit les transfert non linéaires d'énergie entre vagues, sous la forme de la variabilité spatiale. Le filtre utilise des supports adéquats de morphologie (modèle ensembliste) pour extraire le contenu informationnel du spectre de vagues de surface.

6.4 Caractérisation du spectre de vagues

Avec l'hypothèse d'une acquisition par pente et par onde de surface (figure 6.2), nous allons envisager la possibilité d'isoler, radiométriquement parlant, des ondes de surface sommées les unes sur les autres afin de reconstituer le *spectre d'amplitude des ondes* (*"spectre de vagues"*). Chacun des contenus informationnels émane d'une structure correspondant à la taille de la longueur d'onde.

Pour celà, nous avons supposé que les conditions d'acquisistion des images sont favorables (hypothèse 4, section 4.5). C'est à dire, d'une part, que les ondes observées à la surface de la mer sont superposées les unes sur les autres, et se propagent dans la direction radiale, et d'autre part, que l'angle d'incidence utilisé et la forme des oscillations de surface sont favorables au phénomène de modulation d'inclinaison. Par conséquent, l'angle entre la normale locale et le vecteur d'onde incident peut varier à l'intérieur de l'élément structurant considéré. L'acquisition de l'image étant faite par pente et par longueur d'onde, le gradient (ou ses dérivées) devient alors caractéristique d'une ondulation en visibilité dans plusieurs cellules de l'observation radar.

La texture de cette image de la surface de l'océan est initialement caractérisée

6.4. CARACTÉRISATION DU SPECTRE DE VAGUES

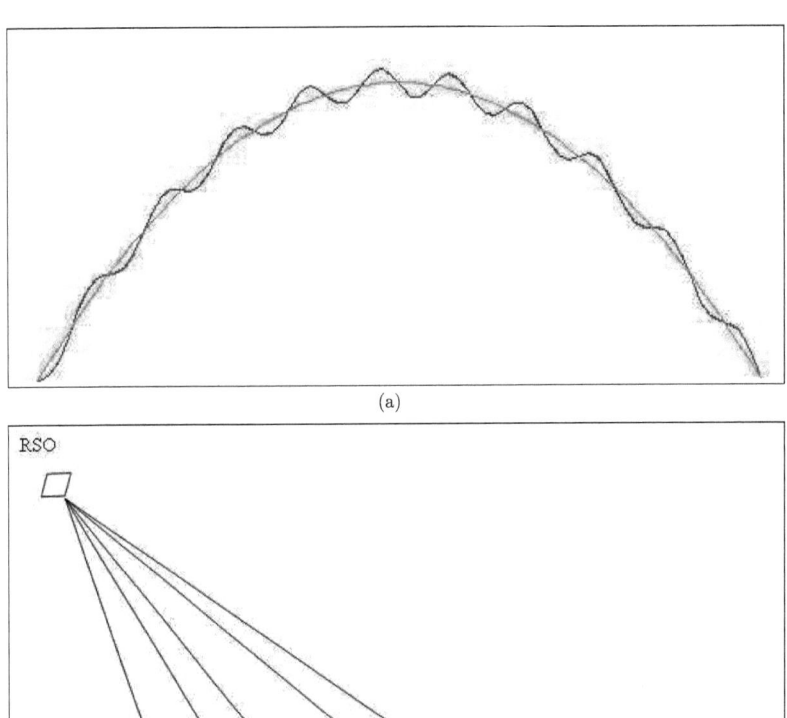

FIGURE 6.2 – Illustration de l'extraction de l'information associée à une onde modulée à la surface de l'océan. a : Demi onde longue modulant une plus petite, se propageant dans la direction radiale. b : Petit tronçon aggrandi de (a), considérée plane, en interaction avec le RSO.

à la section 5.6 (chapitre 5) par la dynamique locale considérée (équations (5.26), (5.27) et (5.28)). Ce paramètre constitue également un attribut pour une onde de surface observée par le RSO lorsque cette dernière se propage dans la direction radiale. La vague considérée est d'avantage marquée par la dérivée du gradient décrit, notamment la variabilité de la radiométrie dans la zone observée. Cette nouvelle mesure est obtenue par le calcul du contraste sur le gradient f_{CG} sur tous les sites s_i tels que :

$$f_{CG}(s_i) = \frac{1}{Card(D)^2 - 1} \sum_{i=1}^{N} |f_{IG}(s_i) - f_{IG}(s_q)|_{s_q \in D} \qquad (6.5)$$

Nous rappelons que D est un élément structurant carré centré sur chaque site s_i pour la caractérisation de la vague de longueur d'onde correspondant à cette structure. Par conséquent, la relation (5.29) qui caractérise la signature recherchée est alors modifiée par :

$$K(s_i) = \exp\left(-\frac{\frac{\mu_{CG}}{\sigma_{CG}} \cdot f_{CG}(s_i)}{\vee f_{CG} - f_{CG}(s_i)}\right) \qquad (6.6)$$

Ainsi conçu, le spectre du coéfficient K en chaque site s_i est obtenu de manière structurelle par variation de la dimension de la structure D.

6.5 Extraction des images du spectre de vagues

Les informations correspondantes aux diverses échelles du spectre de vagues sont extraites par décomposition pyramidale sans échantillonnage dont le principe est semblable à celui des filtres alternés séquentiels, à la seule différence que ces derniers utilisent des structures grossissants d'un niveau à l'autre. Cette faveur permet d'extraire les échelles d'information correspondant aux différents niveaux d'ondes de surface. Cet aspect remplace la prise en compte de la décimation dans la pyramide. À chaque niveau de perception (figure 6.3), il est question, dans un premier temps, d'appliquer un filtrage qui s'adapte chaque fois aux caractéristiques des ondes ciblées à la surface. Dans un deuxième temps, c'est-à-dire une fois le filtrage effectué, l'information supprimée est calculée. De ce fait, les images du spectre de vagues sont extraites en deux étapes : le filtrage et le calcul des détails dus au filtrage.

6.5.1 Schéma d'extraction

L'image initiale de la pyramide est une image originale d'intensité nommée $f_{IF}^{(0)}$. À un niveau de décomposition quelconque $(j+1)$, l'image d'entrée $f_{IF}^{(j)}$ est transformée en une nouvelle image filtrée par l'opérateur $\Delta_{k_{j+1}}$:

6.5. EXTRACTION DES IMAGES DU SPECTRE DE VAGUES

$$f_{IF}^{(j+1)} = \Delta_{k_{j+1}}(f_{IF}^{(j)}) \tag{6.7}$$

où k_{j+1}, représentant la taille de l'élément structurant $D_{k_{j+1}}$ de forme carrée, est défini tel que :

$$k_j = 2j + 1 \tag{6.8}$$

La décomposition arrive à son terme au niveau $(p-1)$ lorsqu'il est établi que la différence des luminances moyennes issues des deux derniers niveaux de transformation est négligeable et reste inférieure à un critère ϵ, c'est-à-dire :

$$|\mu_{IF}^{(p-1)} - \mu_{IF}^{(p-2)}| < \epsilon \tag{6.9}$$

La pyramide entière se resume en une composition Π de filtrage hybride alterné séquentiel tel que :

$$\Pi = \Delta_{k_{p-1}} \circ \Delta_{k_{p-2}} \circ \cdots \circ \Delta_{k_3} \circ \Delta_{k_2} \circ \Delta_{k_1} \quad avec \quad D_{k_j} \subset D_{k_{j+1}} \quad (j = 1, \cdots, p-1) \tag{6.10}$$

D_{k_j} est l'élément structurant associé au filtre Δ_{k_j}.

6.5.2 Première étape : Filtrage hybride Δ_{k_j}

Le filtrage adaptatif (équation (5.30), section 5.4) est repris ici en tenant compte des attributs $K_j(s_i)$ du spectre de vagues (équation (6.6)) à chaque niveau de décomposition j. D'où :

$$\Delta_{k_{j+1}}(f_{IF}^{(j)}) = E(f_{IF}^{(j)}) + [f_{IF}^{(j)} - E(f_{IF}^{(j)})] K_{j+1} \tag{6.11}$$

Il s'agit donc d'un filtre non linéaire, mais faisant usage d'un opérateur linéaire (moyenne $E(\cdot)$). En plus, il est basé sur un critère non linéaire, critère qui, lui, est un coefficient de pondération calculé à l'aide des opérateurs morphologiques et caractérisant, par ce fait, la forme de la surface de l'océan. Le filtre ainsi proposé est dit *hybride*. Il ne répond pas à la définition des filtres morphologiques, mais il garde son caractère *passe bas* au sens général du terme.

6.5.3 Deuxième étape : Calcul des résidus au niveau $(j+1)$

Les détails $f_{SV}^{(j+1)}$ dus au filtrage au niveau $(j+1)$ sont désignés comme étant *l'image du spectre de vagues* du niveau indiqué. L'ensemble constitué par toutes ces images, de l'échelle 1 à $(p-1)$ en constitue le spectre entier. D'où :

$$f_{SV}^{(j+1)} = f_{IF}^{(j)} - f_{IF}^{(j+1)} \tag{6.12}$$

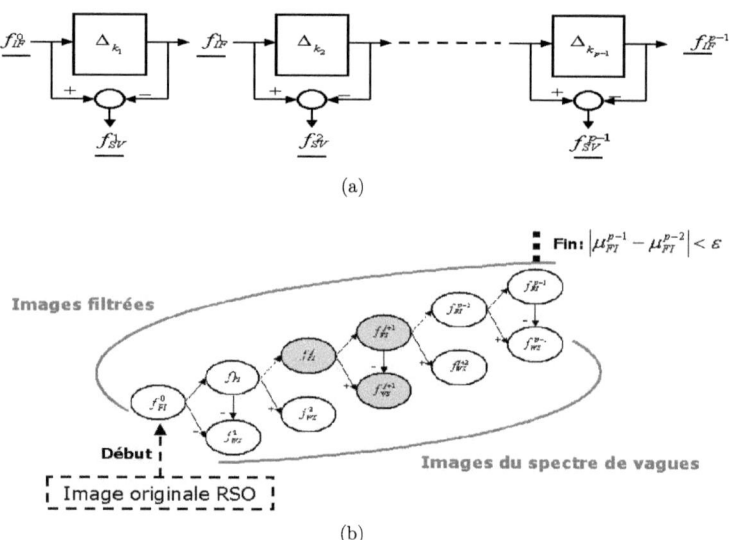

FIGURE 6.3 – Schéma de décomposition pour l'extraction des images du spectre de vagues. a : *Filtrage itératif par les* Δ_{k_j}. b : *Pyramide des images obtenues.* $f_{WS}^{(j)} \equiv f_{SV}^{(j)}$ et $f_{FI}^{(j)} \equiv f_{IF}^{(j)}$, $j = 0, 1, 2, ..., p - 1$.

6.6. FUSION D'IMAGES ISSUES DU SPECTRE

L'histogramme de chacune est réparti autour de la valeur 0. Pour prendre en compte à la fois les détails supérieurs et inférieurs, l'histogramme de $f_{SV}^{(j+1)}$ est décalé vers les valeurs positives de niveau de gris.

6.6 Fusion d'images issues du spectre

À l'issu de la décomposition, p images additionnelles sont disponibles, notamment $(p-1)$ images du spectre de vagues $(f_{SV}^{(1)}, f_{SV}^{(2)}, f_{SV}^{(3)}, \cdots f_{SV}^{(p-1)})$ et la dernière transformée $f_{IF}^{(p-1)}$ de la décomposition. Elles constituent l'ensemble des sous canaux destinés à la fusion par l'usage des modèles flous (figure 6.4). L'intérêt de ce modèle est qu'il constitue un très bon outil pour représenter explicitement des informations imprécises comme celles-ci, sous la forme de fonctions d'appartenance :

$$M_k^j(s_i) = \mu_k^j(s_i) \qquad (6.13)$$

où $\mu_k^j(s_i)$ désigne le degré d'appartenance de s_i à la classe C_k selon l'image SV du niveau j. En outre, si l'on considère $\mu_k(s_i)$ comme étant le degré d'appartenance de s_i à la classe C_k tenant compte de toutes les images d'entrée, la combinaison dans cette théorie est établie par la relation de *Bezdek et al.* [12] :

$$\mu_k(s_i) = \left[\sum_{j=1}^{c} \left(\frac{D_{ik}}{D_{jk}}\right)^{\frac{2}{m-1}}\right]^{-1} \qquad (6.14)$$

avec $\sum_{k=1}^{c} \mu_k(s_i) = 1$, c est le nombre de classes considérées, m un entier caractérisant le caractère flou et en général égale à 3 en imagerie radar, D_{ik} une mesure de similarité entre le vecteur de mesure au site s_i et celui du centre de la classe k issus des images à fusionner. Cette mesure est obtenue par le calcul de la distance Euclidienne multi spectrale.

Pour finaliser le processus de fusion, la règle du maximum des degrés d'appartenance est appliquée aux images floues $\mu_k(s_i)$. soit :

$$s_i \in C_\alpha \quad si \quad \mu_\alpha(s_i) = \max\{\mu_k(s_i), 1 \leq k \leq c\} \qquad (6.15)$$

6.7 Présentation et analyse des résultats

6.7.1 Images RSO des satellites ERS-2 et ENVISAT

Les mêmes zones océanographiques définies au chapitre 5 (section 5.6) restent les régions d'intérêt, notamment la mer Méditérranée au large de la côte de la Grèce

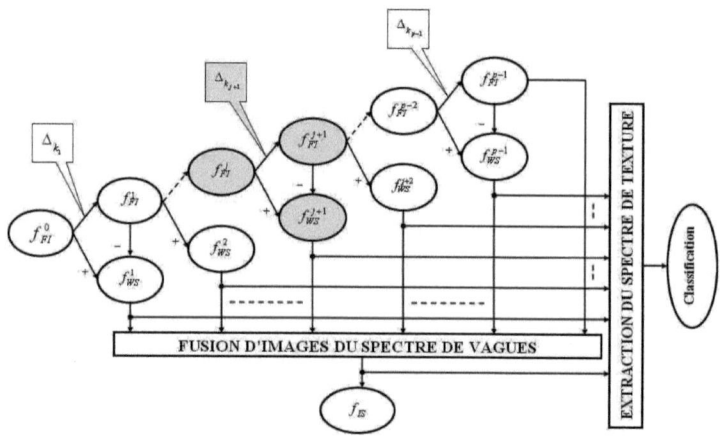

FIGURE 6.4 – Schéma d'utilisation des images du spectre de vagues : *fusion floue en vue de la segmentation des signatures de nappes* (chapitre 6), *et caractérisation en vue de la discrimination des signatures* (chapitre 7). $f_{WS}^{(j)} \equiv f_{SV}^{(j)}$ et $f_{FI}^{(j)} \equiv f_{IF}^{(j)}$, $j = 0, 1, 2, ..., p-1$.

6.7. PRÉSENTATION ET ANALYSE DES RÉSULTATS

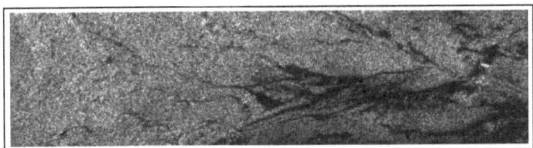

FIGURE 6.5 – Extrait d'image RSO du satellite ENVISAT acquise à l'embouchûre du fleuve Wouri sur la côte de Douala

et l'océan Atlantique au large du golfe de Guinée. Pour le premier site, l'extrait d'image RSO de ERS-2 de la figure 5.5b est reconsidéré. Pour la deuxième région, une nouvelle image du satellite ENVISAT est introduite (figure 6.5). Cette dernière a été acquise en 2003 à l'embouchure du fleuve Wouri, sur la côte de Douala. Munie de 820 par 292 pixels, elle traduit l'état d'une mer polluée et fortement agitée.

6.7.2 Mise en œuvre

La simulation de l'algorithme de l'approche multiéchelle commence par l'apprentissage des régions sur les images originales. Le critère d'arrêt ϵ est délibérément estimé à 10^{-3}. La décomposition produit alors quatre itérations en général, plus précisément 4 images filtrées et 4 images de résidus. Les images du spectre de vagues issues de l'observation 5.5b (respectivement 6.5) sont présentées à la figure 6.6 (respectivement 6.7).

Visiblement, chaque image de résidus se caractérise par une granulométrie proportionnelle à la dimension de la structure utilisée. Si la condition de la capture par le RSO de l'information relative à une longueur d'onde est satisfaisante, alors l'onde reste en visibilité à la fois dans une première cellule de résolution sous une pente positive, puis dans une deuxième cellule de résolution sous une pente négative et adjacente à la première. La structure qui la capture est donc munie de deux cellules de résolution pour marquer les deux pentes en présence. Dans ces conditions particulières, l'image du spectre de vagues issue d'un niveau de transformation j, d'élément structurant de taille $(2j+1)$, traduit l'observation des creux et des pics des vagues de surface de longueur d'onde λ_j par la relation $\lambda_j \approx 2(2j+1)r_s$, r_s étant la résolution spatiale de l'image considérée.

À partir de l'apprentissage dans les deux régions polluée et non polluée de la surface de l'océan, les distances multi spectrales sont calculées en tenant compte des images du spectre de vagues $f_{SV}^{(1)}$, $f_{SV}^{(2)}$, $f_{SV}^{(3)}$ et $f_{SV}^{(4)}$ et la dernière image filtrée $f_{IF}^{(4)}$. Deux images floues μ_m et μ_n (équation 6.14) respectivement d'appartenance à la mer et aux nappes d'hydrocarbures sont ainsi générées et soumises à la règle du maximum de degré d'appartenance décrite par la condition (6.15). Les images de

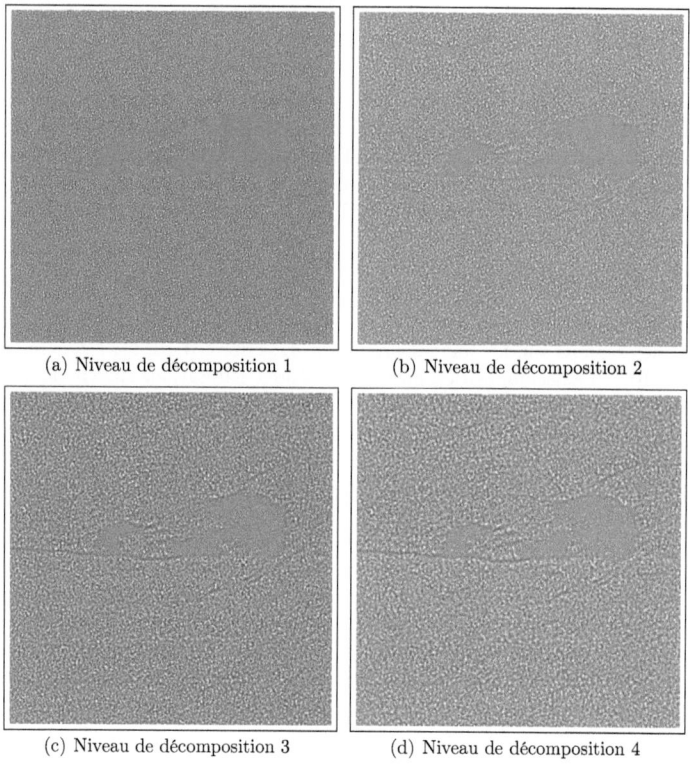

FIGURE 6.6 – Images du spectre de vagues issues de l'extrait originale RSO de la figure 5.5b.

6.7. PRÉSENTATION ET ANALYSE DES RÉSULTATS

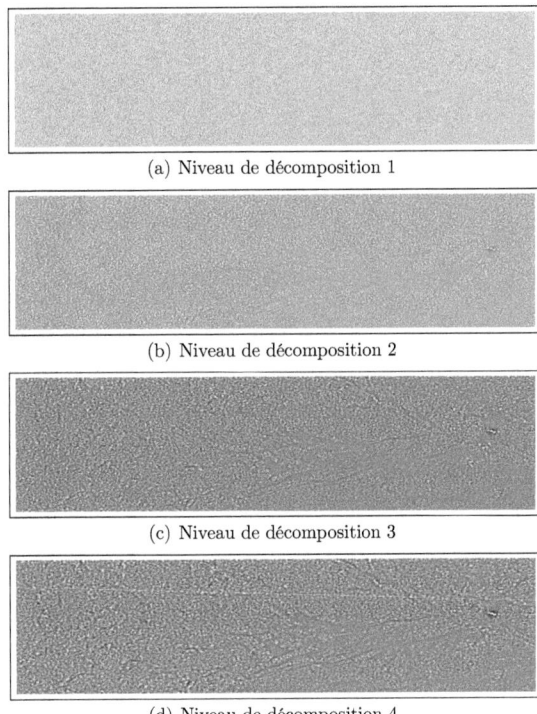

(a) Niveau de décomposition 1

(b) Niveau de décomposition 2

(c) Niveau de décomposition 3

(d) Niveau de décomposition 4

FIGURE 6.7 – Images du spectre de vagues issues de l'extrait originale RSO de la figure 6.5.

170   CHAPITRE 6. UNE APPROCHE MULTIÉCHELLE POUR LA DNH

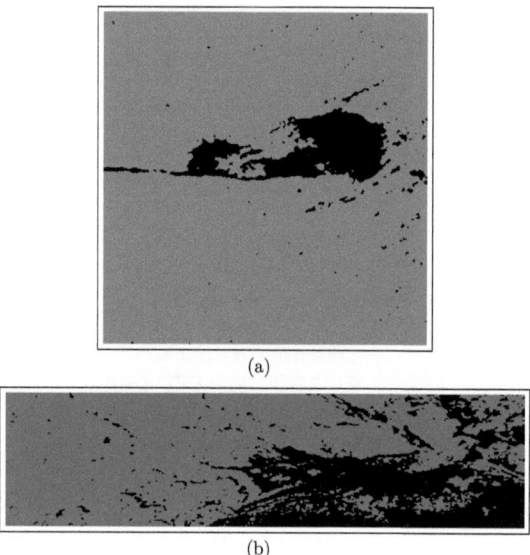

FIGURE 6.8 – Images de signatures des nappes d'hydrocarbures extraites des images originales RSO de ERS-2 (a) et de ENVISAT (b)

signatures de nappes qui en découlent sont présentées à la figure 6.8.

6.8 Interprétation et discussion des résultats

La méthode proposée est validée à l'aide de la technique d'évaluation dévelopée précédemment (section 5.7) et par comparaison avec les approches existantes, et aussi celle validée au chapitre 5.

Du point de vue de la qualité des images de signatures produites (figure 6.8), la méthode développée est relativement satisfaisante. Les nappes sont apparemment bien localisées et la mer non polluée est détectée sans fausses alarmes majeures dans les deux cas de figure (mer moyennement agitée et très agitée).

Du point de vue de la performance (tableau 5.2), la technique proposée a généré une probabilité de détection des nappes de 90,1% et 0,67% de fausses alarmes dans la mer non couverte par le polluant. Ce qui entraîne une précision globale de la segmentation de 94,7%. L'un de ses atouts est qu'elle offre le plus bas taux de fausses alarmes, avec une détection acceptable de la cible.

Comparée aux algorithmes antérieurs, elle génère - à l'évidence - une détection améliorée. Par rapport à la FIRSHD avec filtrage contextuel, elle accorde une reduction accrue de la probabilité de fausses alarmes de 1,23 %, ce qui est en contradiction avec l'aspect qualitatif des images de signatures (figures 5.13b et 6.8a). Ainsi, les fausses alarmes ne sont pas prononcées dans le fond de l'image de la figure 5.13b, mais plutôt dans les bords de la signature détectée des nappes. Cette contradiction prouve alors que cette signature a subi des déformations à ses bords, et plus précisément elle a été dilatatée à ses frontières. Par conséquent, la signature des nappes sur l'image de la figure 6.8a a d'avantage conservé ses formes. De ce mérite, la méthode de segmentation par les pyramides hybrides est recommandée pour la caractérisation géométrique des signatures de nappes d'hydrocarbures. Finalement, elle offre le meilleur consensus entre les deux critères qualitatif, d'une part, et quantitatif d'autre part.

6.9 Conclusion

Il vient d'être présentée, testée et validée une nouvelle technique de détection des nappes d'hydrocarbures dans les images RSO. Cette dernière s'appuie sur des considérations géophysiques de la surface de l'océan pour en extraire les images du spectre des vagues à l'aide des pyramides hybrides. Les signatures générées par fusion des dites images sont spatialement bien localisées et à $90,1\%$. À l'issue de l'évaluation, les fausses alarmes sont rendues minimales ($0,7\%$) par rapport aux algorithmes classiques, soit une précision globale de $94,7\%$.

En dépit de la validité de ces résultats, la méthode est affaiblie principalement par la réserve faite sur l'image de vérité terrain dont la précision dépend du comportement actif du système visuel du photo interpréteur. Par conséquent, pour en améliorer la précision des résultats, il faudrait, par des travaux de terrain, établir des images de localisation spatiale des nappes à l'aide de GPS. Ainsi, on peut envisager la caractérisation structurelle de la surface de la mer par des mesures ciblées sur les images générées du spectre des vagues. La discrimination des nappes d'hydrocarbures par rapport à divers autres phénomènes atmosphériques et océaniques observables par le RSO, sera alors rendue possible à partir du spectre décrit.

Chapitre 7

Une méthode de caractérisation des nappes d'hydrocarbures basée sur la notion de spectre de texture

7.1 Introduction

Différents travaux scientifiques ont approuvé le schéma de détection et de reconnaissance des nappes d'hydrocarbures dans les images RSO en trois étapes (figure 4.1) : la détection des signatures concernées, la caractérisation des signatures détectées et l'affectation de ces dernières aux nappes ou alors à divers autres phénomènes océaniques ou atmosphériques. La plupart de ces travaux ne tiennent pas en compte l'état géophysique de la surface de la mer. Dans ce cas, les paramètres considérés dans la caractérisation des signatures sont extraits indépendamment de la nature de la surface.

Pour intégrer les différents niveaux d'ondes observés par le radar, une approche de caractérisation linéaire, obtenue par les transformations en ondelette, a été abordée dans [112], elle s'est avérée intéressante mais pas suffisante pour limiter les fausses alarmes dans les images. La technique de caractérisation non linéaire de la surface (en raison de l'hypothèse 4, chapitre 4), à support sur pyramide hybride développée au chapitre 6 précédent, est reprise pour caractériser les transferts non linéaires d'énergie entre vagues. La méthode de caractérisation proprement dite se fonde alors sur le comportement hydrophobique du mélange eau-hydrocarbures à la surface de la mer (hypothèse 3, chapitre 4) pour mesurer l'atténuation spectrale due à la présence des nappes (hypothèse 2, chapitre 4) sous une forme relative des paramètres de texture. L'analyse conduit ainsi au développement des graphiques nommés *spectres de texture* de la signature étudiée [78].

Dans ce chapitre, les notions de spectre et de modèles de texture sont d'abord introduites pour faciliter la compréhension du concept. Les spectres de texture sont ensuite dressés pour divers thèmes observables dans les images RSO de la surface de l'océan, puis un test de discrimination est amorcé pour analyser et interpréter les résultats de la méthode de caractérisation développée.

7.2 Définitions

7.2.1 Qu'est ce que la texture d'une image ?

En général, la texture se définit comme étant la disposition des parties d'un corps. Ainsi, on parlera de la texture d'un aliment pour indiquer sa signature au goûter, alors témoin de sa granulométrie ressentie entre la langue et le palais de la bouche. En termes linguistiques, la texture s'assimile à la rugosité, à la régularité, à la finesse, au contraste, ... Parce que globale, cette définition peut s'avérer incompréhensible selon le contexte d'analyse où l'on se trouve. Du point de vue de l'analyse des processus stochastiques stationnaires, la première définition du terme est structurelle (ou déterministe). La texture est alors considérée comme étant un agencement d'un motif de base appelé *primitive* ou *texton* [77]. La deuxième définition est probabiliste (ou statistique). Elle considère quant à elle que la texture est un échantillon d'un phénomène stochastique caractérisé par son aspect aléatoire, notamment ses paramètres statistiques, qui ne comprend ni de motif localisable, ni de fréquence de répétition principale. La troisième définition intègre les deux premières. De ce fait, la texture devient une structure spatiale hiérarchique à deux niveaux [153], elle est pourvue d'une organisation de motifs de base ayant chacun un aspect aléatoire [51]. À ce titre, la texture d'une région dans une image se traduit par une perception "visuelle" identique pour toutes les zones y contenues. Elle est caractérisée par des propriétés spatiales homogènes et invariantes par translation [92]. Ces propriétés, nommées *paramètres de textures*, seront traduites en des critères d'analyse dans le cadre des spectres développés.

7.2.2 Spectre de texture

La notion de spectre de texture est un concept insuffisamment décrit dans la littérature. Il n'en existe pas de définition satisfaisante. La méthode du spectre de texture [61, 154] est une approche d'analyse de texture qui consiste à décomposer l'image en un tableau de petites unités texturales [149]. En outre, le spectre de texture peut être considéré comme une technique permettant, dans un premier temps, de décomposer une texture à des échelles structurelles différentes. À ce titre, il est possible de la caractériser par le biais des textures dérivées, notamment par les images du spectre de vagues en ce qui concerne la surface de la surface de l'océan.

Le principe de l'analyse est ensuite basé sur le calcul d'une fonction d'occurrence sur les différentes échelles de l'information.

7.3 Modèles de texture

La modélisation stochastique considère la texture comme la réalisation d'un processus aléatoire régit par la loi de distribution statistique des pixels et par leur dépendance spatiale. Le premier modèle stochastique repose sur une approche probabiliste de la morphologie mathématique, et en particulier sur le concept d'ensemble fermé aléatoire [133]. Le schéma booléen en est une application. Il définit la texture comme une distribution de Poisson définie par sa capacité de Choquet. Les autres modèles stochastiques à considérer sont les modèles autorégressifs et leurs dérivées, notamment les chaînes de Markov ainsi que les champs de Markov. Ils permettent de représenter les textures par la densité spectrale de puissance. Une étude très complète de ces approches de description est présentée dans [54].

Encore moins décrite, la perception humaine reste prépondérante dans la définition de la texture. En outre, le modèle biologique de la texture s'inspire des mécanismes d'adaptation du système visuel aux fréquences spatiales et aux orientations [65, 31]. Ces travaux s'appuient également sur des expérimentations faites sur les effets de masquage psychovisuel [124]. Parmi les schémas existants de fonctionnement du système visuel, on peut citer celui de *Bergen et al.* [8] qui semble le plus plausible car il comporte la plupart des étapes qui participe à l'analyse de texture.

7.4 Élaboration des spectres de texture

7.4.1 Régions cibles

La caractérisation par région tient sur l'existence à la surface de l'océan de trois zones produites par l'interaction entre les hydrocarbures et les eaux, notamment la région du polluant flottant, la surface des eaux non affectée par les nappes et la phase dispersée à l'intermédiaire des deux premières. Sur le support issu de l'observation de cette surface, les trois couches correspondent respectivement à la signature des nappes, au fond de l'image et aux bords de la signature détectée. La localisation des trois régions dans une image RSO est illustrée à la figure 7.1.

La signature est extraite soit par la technique de seuillage par hystérésis directionnel (chapitre 5), soit par l'approche de segmentation multi-échelle obtenue par les pyramides hybrides (chapitre 6). Dans le cadre de l'hypothèse bayésienne, une

176   CHAPITRE 7. CARACTÉRISATION PAR SPECTRES DE TEXTURE

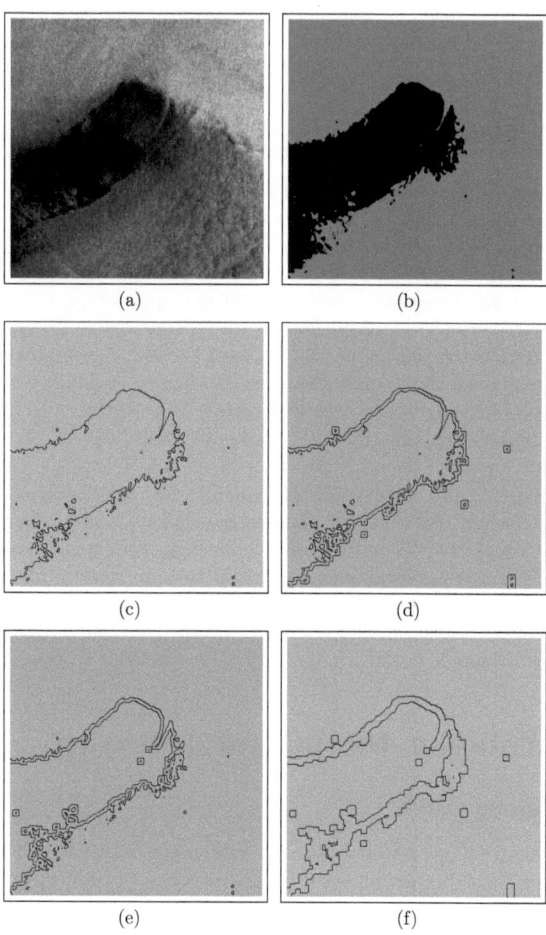

FIGURE 7.1 – Illustration de la détection des régions d'intérêt considérées dans la mesure des attributs. a : *Un exemple d'image RSO du satellite ERS-2, Mer Méditerranée, 400 × 400 pixels.* b : *Signature et fond détectés de l'image.* c : *Contours de la signature.* d : *Demi-bords supérieurs, signature détectée et fond érodé.* e : *Demi-bords inférieurs, signature érodée et fond détecté.* f : *Bords de la signature, signature et fond érodés.*

7.4. ÉLABORATION DES SPECTRES DE TEXTURE

donnée appartient soit à la cible, soit au fond de l'image. Par conséquent, cette affectation dépend d'une variable aléatoire binaire. Le fond de l'image est alors déduit par la complémentation des signatures des nappes détectées. Les bords des nappes sont extraits en deux étapes : la détection et l'épaississement des contours des nappes.

7.4.2 Extraction des bords des nappes

Diverses techniques dites "frontières" sont envisageables pour la détection des contours des nappes d'hydrocarbures. Elles sont groupées en fonction des modèles d'usage et peuvent alors être classées comme étant markoviennes, variationnelles, morphologiques, dérivatives ou surfaciques. Toutes ces approches sont présentées et, certaines, comparées dans [120].

Dans le contexte qui est le nôtre, l'opération de détection des contours choisie se situe en aval de la segmentation, d'une part. Il s'agira donc de localiser les changements de type "saut d'amplitude" entre les régions de nappes et de la mer non polluée. D'autre part, les contours des nappes ne nécessitent pas une précision de taille. Les approches dérivatives sont qualifiées comme étant parmi les plus rapides. Les contours sont assimilés aux points de fort gradient de la fonction scalaire $f_{IS}(x,y)$ représentative de l'image des signatures des nappes IS. Les dérivées suivant les directions horizontale et verticale au site s de coordonnées (x,y) sont approchées par simples différences finies. La norme du gradient considérée est alors :

$$\nabla f_{IS} = \sqrt{\left(\frac{\partial f_{IS}}{\partial x}\right)^2 + \left(\frac{\partial f_{IS}}{\partial y}\right)^2} \qquad (7.1)$$

Et le seuillage par hystérésis est rendu facile pour une image binaire. Les bords des nappes sont générés par dilatation morphologique des contours sur une dimension voulue de l'élément structurant. Cette région des bords peut être considérée à l'extérieur des signatures (figure 7.1d), à l'intérieur des nappes (figure 7.1e) ou, pourquoi pas, autour des contours extraits (figure 7.1f). Par conséquent, les signatures d'origine, qu'elles soient des nappes ou d'eau non polluée, peuvent être prise en compte. Mais, l'on peut également considérer ces dernières érodées par les demi bords correspondants.

7.4.3 Paramètres de régions

Les attributs permettant de caractériser une région sont de plusieurs natures en fonction de l'objectif visé et de la modélisation utilisée à la base pour l'image. Les attributs statistiques permettent d'éffectuer des mesures de taille, de radiométrie, de texture, en tenant compte que l'image est la réalisation d'un processus stochastique. Les attributs fractals permettent également de caractériser une texture. Si l'on modélise l'image comme une surface dans l'espace à trois dimensions, on peut localement extraire ses caractéristiques surfaciques en utilisant la géométrie différentielle. Les caractéristiques fréquentielles sont relatives à l'analyse spectrale de l'image. Les attributs géométriques quant à eux décrivent la forme d'une région. Ainsi, le nombre de paramètres pouvant décrire une région est important. L'approche déployée recherche à caractériser les échelles de textures issues des images du spectre de vagues. Elle s'appuie essentiellement sur les mesures statistiques du premier ordre, et dans une certaine mesure, quelques caractéristiques géométriques. Les mesures statistiques sur une image notée $SV^{(j)}$ sont déduites de la probabilité empirique $H(f_{SV}^{(j)}(s_i))$ (section 5.3) de la valeur radiométrique $f_{SV}^{(j)}(s_i)$, s_i appartenant à la région considérée.

7.4.3.1 Attributs statistiques

1. Les moments non centrés d'ordre k

$$\mathcal{M}_k^{(j)} = \sum_{f_{SV}^{(j)}(s_i)} \left(f_{SV}^{(j)}(s_i)\right)^k H\!\left(f_{SV}^{(j)}(s_i)\right) \qquad (7.2)$$

2. Les moments centrés d'ordre k

$$\widetilde{\mathcal{M}}_k^{(j)} = \sum_{f_{SV}^{(j)}(s_i)} \left(f_{SV}^{(j)}(s_i) - \mathcal{M}_1^{(j)}\right)^k H\!\left(f_{SV}^{(j)}(s_i)\right) \qquad (7.3)$$

3. La dynamique relative

$$\mathcal{D}^{(j)} = \frac{\vee f_{SV}^{(j)}(s_i) - \wedge f_{SV}^{(j)}(s_i)}{\vee f_{SV}^{(j)}(s_i)} \qquad (7.4)$$

où $\vee f_{SV}^{(j)}(s_i)$ et $\wedge f_{SV}^{(j)}(s_i)$ représentent respectivement le maximum et le minimum des valeurs prises par $f_{SV}^{(j)}(s_i)$, $\forall s_i$.

4. Le contraste

$$\mathcal{C}^{(j)} = \sum_{f_{CO}^{(j)}(s_i)} \left(f_{CO}^{(j)}(s_i)\right) H\!\left(f_{CO}^{(j)}(s_i)\right) \qquad (7.5)$$

$H(f_{CO}^{(j)}(s_i))$ étant la probabilité empirique du niveau de gris $f_{SV}^{(j)}(s_i)$, et $f_{CO}^{(j)}$ l'image du contraste issue de $f_{SV}^{(j)}$ tel que :

7.4. ÉLABORATION DES SPECTRES DE TEXTURE

$$f_{CO}^{(j)}(s_i) = \frac{1}{l^2 - 1} \sum_{s_q \in D_l} |f_{SV}^{(j)}(s_i) - f_{SV}^{(j)}(s_q)| \qquad (7.6)$$

D_l représente la fenêtre d'analyse, de taille l, au voisinage 8-connexité (l=3) du site s_i.

5. Le coefficient de variation

$$\mathcal{V}^{(j)} = \frac{\mathcal{M}_1^{(j)}}{\sqrt{\widetilde{\mathcal{M}}_2^{(j)}}} \qquad (7.7)$$

$\mathcal{M}_1^{(j)}$ et $\widetilde{\mathcal{M}}_2^{(j)}$ sont également et respectivement appelées la moyenne et la variance de l'image $SV^{(j)}$.

6. L'énergie

$$\mathcal{W}^{(j)} = \sum_{f_{SV}^{(j)}(s_i)} \left| H\big(f_{SV}^{(j)}(s_i)\big) \right|^2 \qquad (7.8)$$

7. L'entropie

$$\mathcal{H}^{(j)} = - \sum_{f_{SV}^{(j)}(s_i)} \Big(H\big(f_{SV}^{(j)}(s_i)\big) \Big) \Big(\log p\big(f_{SV}^{(j)}(s_i)\big) \Big) \qquad (7.9)$$

7.4.3.2 Attributs géométriques

Contrairement aux statistiques extraites dans les différentes unités texturales, les caractéristiques géométriques sont mesurées directement sur l'image des signatures détectées des nappes d'hydrocarbures. L'*aire* A d'une région connexe de l'image est définit comme étant le nombre de pixel de la région désignée. Le *périmètre* P est également exprimé en nombre de pixels occupés par les contours de la région. La *complexité* quant à elle désigne le facteur de circularité. Elle s'exprime par [42] :

$$C = \frac{P}{2\sqrt{\pi A}} \qquad (7.10)$$

7.4.4 Définition des critères d'analyse

Les images de la surface de l'océan présentent plusieurs niveaux structurels de vagues auxquels elles peuvent être caractérisées. Une analyse minutieuse de chaque niveau, des plus petites aux plus grandes échelles, en donne des informations pertinentes. L'analyse statistique et de reconnaissance des textures consiste à extraire des paramètres discriminants et robustes. Cette opération est d'abord effectuée sur les images du spectre de vagues $SV^{(j)}$ ($j = 1, ..., p-1$) (figure 6.5). Il est remarquable de constater que la mesure du gradient est très révélatrice des textures dans les images RSO de l'océan. Par conséquent, les images du spectre de vagues sont transformées en ses correspondantes $GSV^{(j)}$ par le gradient morphologique de Beucher (équation 5.11). L'extraction des attributs de texture est ensuite renouvelée dans ces nouvelles images de gradient du spectre de vagues.

À une échelle quelconque j du spectre de vagues (ou de son gradient), chaque paramètre de texture "λ" est mesuré dans chacune des trois régions d'intérêt en présence, notamment les régions *nappe*, *bords* et *mer*, respectivement notés $\lambda_n^{(j)}$, $\lambda_b^{(j)}$ et $\lambda_m^{(j)}$. Ces derniers sont obtenus grâce aux masques respectifs des dites régions.

L'atténuation spectrale induite par la pollution d'une surface de la mer, exprimée par l'équation (3.18) à la section 3.4, peut également être mise sous une forme relative telle que :

$$\Lambda_S = \frac{S_n}{S_n + S_m} \qquad (7.11)$$

Identifiée à la modification des propriétés de la texture dans l'image, elle s'exprime alors sous la forme :

$$\Lambda_{cible}^{(j)} \approx \frac{\lambda_{cible}^{(j)}}{\lambda_{cible}^{(j)} + \lambda_m^{(j)}} \qquad (7.12)$$

Cette expression normalise le format de mesure des informations de texture, celle-ci étant associée à une région *cible* de l'image. La cible ici représente soit la zone de la nappe flottante, soit la phase dispersée du mélange, pour lesquelles l'on souhaite mesurer les effets texturales de l'atténuation spectrale. N_{prc} paramètres de texture par région ciblée (spectre et gradient du spectre de vagues confondus) sont extraits, soit N_{cr} critères d'analyse de la signature d'hydrocarbures ($N_{cr} = 2 \cdot N_{prc}$). Le critère d'analyse de configuration (ou d'*ordre*) k ($1 \leq k \leq N_{cr}$), notée Λ_k, se définit alors comme une information de texture associée à une ou l'autre des deux cibles.

7.4.5 Profils de texture

On désigne par $\Lambda_k^{(j)}$ ($1 \leq k \leq N_{cr}$ et $1 \leq j \leq p - 1$) la mesure d'échelle j attachée à la configuration k parmi les N_{cr} critères mesurées. $\Lambda_k^{(j)}$ est associée au vecteur pixel $s^{(j)}$ de coordonnées $(x^{(j)}, y^{(j)})$. Les résultats finaux de cette analyse se présentent sous une forme graphique et sont nommés des spectres de texture. Ces profils sont de deux types : les spectres à une dimension (1-D) et les spectres à deux dimensions (2-D). Les premières $\left(\Lambda_k^{(j)}(j)\right)$ sont une expression des mesures de texture en fonction de l'échelle structurelle j uniquement. Les deuxièmes spectres $\left(\Lambda_k^{(j)}(j,k)\right)$ quant à eux représentent les mêmes mesures en fonction à la fois du critère de configuration k et du niveau de décomposition j. En outre, les valeurs numériques ne sont pas favorables à une exploitation adéquate des spectres générés. Pour en faire un support physique privilégié, un code de couleurs est associé aux mesures $\Lambda_k^{(j)}$ afin de faciliter l'interprétation des spectres de texture 2-D.

7.5 Présentation et analyse des résultats

7.5.1 Données RSO des thèmes étudiés

Les images RSO à soumettre à la technique de caractérisation définie par les spectres de texture sont issues de l'observation de la Mer Méditérranée par le satellite ERS-2. Elles ont été gracieusement offertes par l'ESA, sous le couvert de l'IERS, à l'occasion des IX^{emes} journées scientifiques du Réseau de Télédétection tenues à Yaoundé au Cameroun en 2002. Cette banque de données est essentiellement constituée d'images disponibles dans un format évolué. Cinq thèmes validés y ont été sélectionnés pour l'établissement des profils de référence. Il s'agit des signatures observées de nappes d'hydrocarbures, d'instabilité atmosphérique, de front de grand courant, de nappes naturelles, et de vent localement faible parsemé de houle (figure 7.2).

Les nappes d'hydrocarbures (figure 7.2a) telles que dispersées sont issues d'une nappe unique et homogène ayant subie des modifications de forme, suite à l'influence des courants marins et du vent à la surface de la mer. Le phénomène d'instabilité atmosphérique (figure 7.2b) est visiblement ambigu. L'origine de cette instabilité d'apparence nuageuse n'est ni décrite, ni précisée dans le document de référence. Les fronts dus aux courants de surface (figure 7.2c) apparaissent sous la forme de franges à grande échelle alternativement claires et sombres, de dimension dépendante de la taille et de l'orientation de l'onde observée. Les nappes naturelles (figure 7.2d) sont soumises à un phénomène de tourbillon des eaux, étant entendu que l'amplitude du vent est faible. La marque entachant la dernière image est un phénomène local de vent faible (figure 7.2e). Autour de ces marques, la houle se présente visiblement comme des franges, cette fois, de petite échelle. Les caractéristiques qui accompagnent l'acquisition des dites images sont présentées dans le tableau 7.1.

7.5.2 Application aux images RSO

La méthode de caractérisation proposée s'intègre dans la continuité des procédés de segmentation développés aux chapitres précédents. Les signatures (voir la figure

182 CHAPITRE 7. CARACTÉRISATION PAR SPECTRES DE TEXTURE

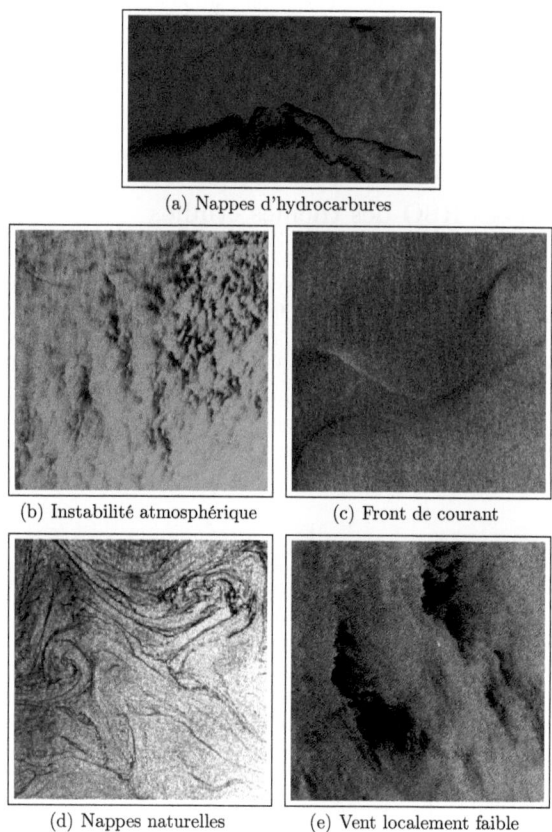

FIGURE 7.2 – Images originales RSO des thèmes observés issues du satellite ERS-2, acquises dans la Mer Méditéranée. a : 486×256 pixels; b, c, d et e : 400×400 pixels

7.5. PRÉSENTATION ET ANALYSE DES RÉSULTATS

Image	Orbite	Frame	Date	Heure	Localité
7.2a	24167	2853	04/12/99	10h47	Malte
7.2b	23794	2961	08/11/99	08h25	Egypte
7.2c	24797	2763	17/01/00	10h03	Giglio en Islande
7.2d	25076	2763	05/02/00	10h05	Est de la Corse
7.2e	24168	2745	04/02/99	11h26	Baleari

TABLE 7.1 – Informations d'acquisition des images originales de la figure 7.2

7.3) sont ici extraites par la technique multiéchelle faisant usage des pyramides hybrides (chapitre 6).

Les contours des signatures sont détectés et les caractéristiques géométriques déduites (tableau 7.2).

Thèmes	A	P	C
Nappes d'hydrocarbures	13,155	2,012	4,95
Instabilité atmosphérique	16,365	6,343	13,1
Front de courant	17,592	8,447	17,97
Nappes naturelles	43,178	9,880	13,42
Vent faible avec houle	24,040	4,660	8,48

TABLE 7.2 – Caractéristiques géométriques des signatures d'images de référence de la figure 7.2 : Aire **A** (pixels), Périmètre **P** (pixels), Complexité **C**

Les bords sont générés à l'intérieur et à l'extérieur des contours des signatures et sur un voisinage étendu délibéremment sur chacun des côtés à quatre pixels. Cinq paramètres de texture des trois régions ainsi localisées sont considérés, notamment la dynamique, le contraste, la moyenne, l'écart type et le coefficient de variation (défini par le rapport de l'écart type sur la moyenne). À la suite de cette analyse, vingt critères $\equiv \Lambda_k$, de configuration k ($k = 1, 2, 3, \cdots, 20$), se dégagent :

1. **SdR** (équivalent à Λ_1) : dynamique sur la signature
   (en anglais *spot dynamic ratio*),

2. **ScR** (Λ_2) : contraste sur la signature
   (en anglais *spot contrast ratio*),

3. **SmR** (Λ_3) : moyenne sur la signature
   (en anglais *spot mean ratio*),

184 CHAPITRE 7. CARACTÉRISATION PAR SPECTRES DE TEXTURE

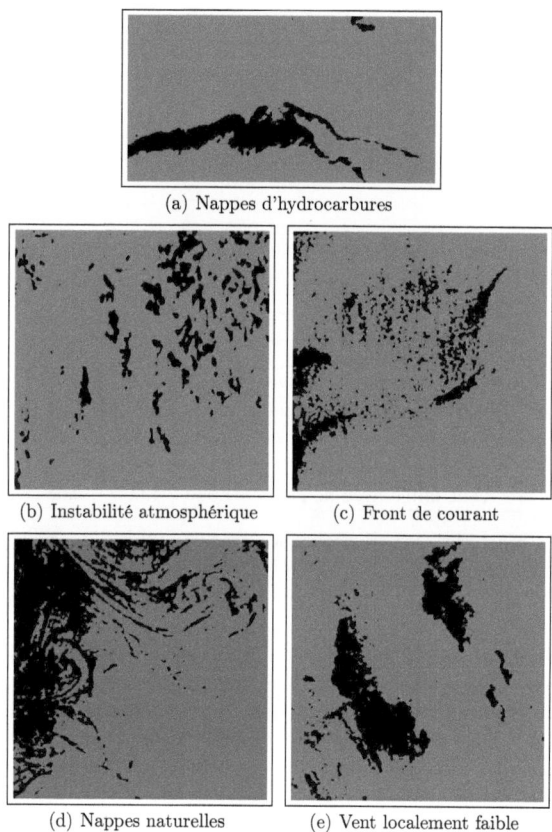

(a) Nappes d'hydrocarbures

(b) Instabilité atmosphérique (c) Front de courant

(d) Nappes naturelles (e) Vent localement faible

FIGURE 7.3 – Images des signatures issues des originales de référence de la figure 7.2

7.5. PRÉSENTATION ET ANALYSE DES RÉSULTATS

4. **SsdR** (Λ_4) : écart type sur la signature
   (en anglais *spot standard deviation ratio*),
5. **SpmR** (Λ_5) : coefficient de variation sur la signature
   (en anglais *spot power to mean ratio*),
6. **SgdR** (Λ_6) : dynamique du gradient sur la signature
   (en anglais *spot gradient dynamic ratio*),
7. **SgcR** (Λ_7) : contraste du gradient sur la signature
   (en anglais *spot gradient contrast ratio*),
8. **SgmR** (Λ_8) : moyenne du gradient sur la signature
   (en anglais *spot gradient mean ratio*),
9. **SgsdR** (Λ_9) : écart type du gradient sur la signature
   (en anglais *spot gradient standard deviation ratio*),
10. **SgpmR** (Λ_{10}) : coefficient de variation du gradient sur la signature
    (en anglais *spot gradient power to mean ratio*),
11. **BdR** (Λ_{11}) : dynamique sur les bords
    (en anglais *border dynamic ratio*),
12. **BcR** (Λ_{12}) : contraste sur les bords
    (en anglais *border contrast ratio*),
13. **BmR** (Λ_{13}) : moyenne sur les bords
    (en anglais *border mean ratio*),
14. **BsdR** (Λ_{14}) : écart type sur les bords
    (en anglais *border standard deviation ratio*),
15. **BpmR** (Λ_{15}) : coefficient de variation sur les bords
    (en anglais *border power to mean ratio*),
16. **BgdR** (Λ_{16}) : dynamique du gradient sur les bords
    (en anglais *border gradient dynamic ratio*),
17. **BgcR** (Λ_{17}) : contraste du gradient sur les bords
    (en anglais *border gradient contrast ratio*),
18. **BgmR** (Λ_{18}) : moyenne du gradient sur les bords
    (en anglais *border gradient mean ratio*),
19. **BgsdR** (Λ_{19}) : écart type du gradient sur les bords
    (en anglais *border gradient standard deviation ratio*),
20. **BgpmR** (Λ_{20}) : coefficient de variation du gradient sur les bords
    (en anglais *border gradient power to mean ratio*).

Trois autres images RSO (figure 7.4) dont les contenus n'ont pas été identifiés à l'avance, sont introduites en vue de leur classification parmi les thèmes de référence.

186   CHAPITRE 7. CARACTÉRISATION PAR SPECTRES DE TEXTURE

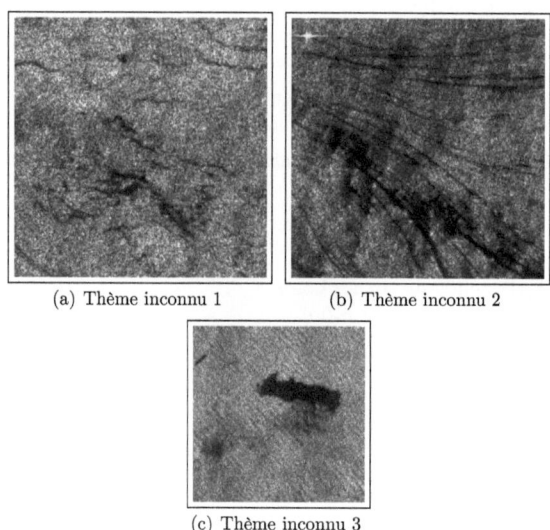

(a) Thème inconnu 1   (b) Thème inconnu 2

(c) Thème inconnu 3

FIGURE 7.4 – Images originales RSO à contenu non identifié, acquises dans la région de Douala, au large de l'embouchure du fleuve Wouri. a et b : *Images du satellite ENVISAT, 400 × 400 pixels, 2003* ; c : *Image du satellite ERS-2, 270 × 270 pixels, 1999*.

7.5. PRÉSENTATION ET ANALYSE DES RÉSULTATS

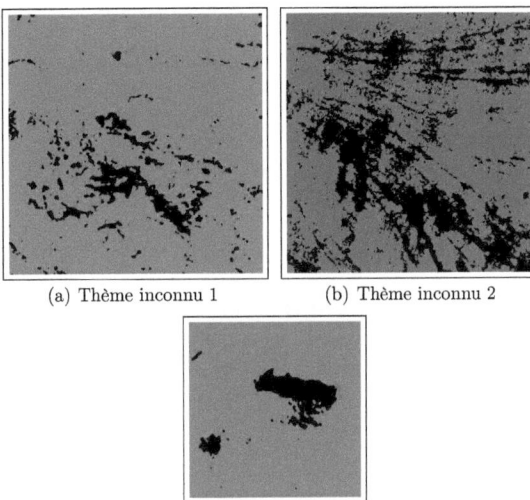

(a) Thème inconnu 1   (b) Thème inconnu 2

(c) Thème inconnu 3

FIGURE 7.5 – Images des signatures issues des originales à contenu non identifié de la figure 7.4

Les signatures correspondantes (figure 7.5) sont extraites par l'usage des pyramides hybrides. Les attributs géométriques sont alors déduites et présentés dans le tableau 7.3.

Thèmes	Aire A	Périmètre P	Complexité C
Signature inconnue 1	13,631	6,634	16,03
Signature inconnue 2	46,043	21,708	28,54
Signature inconnue 3	6,358	1,092	3,86

TABLE 7.3 – Caractéristiques géométriques des signatures d'images à contenu non identifié de la figure 7.4 : A (en pixels), P (en pixels), C (sans unité)

Les profils de référence sont dressés à partir d'images originales des thèmes étudiés de la figure 7.2. Les images dont la nature des signatures est inconnue, sont également caractérisées par leurs profils co-représentés dans les mêmes systèmes graphiques. Les spectres de texture 1-D de signatures détectées sont présentés à la figure 7.6, et ceux des bords à la figure 7.7. Pour chaque critère considéré, ils mettent

188 CHAPITRE 7. CARACTÉRISATION PAR SPECTRES DE TEXTURE

en évidence, et sur le même graphique, l'évolution des effets texturales de l'atténuation spectrale en fonction du niveau de résolution j. Ce dernier traduit quant à lui les différentes échelles de vagues observées. Les spectres de texture 2-D quant à eux sont regroupés à la figure 7.8. La largeur des bandes des valeurs de l'atténuation spectrale mesurée est choisie en fonction du degré de similarité enregistré entre les divers spectres à comparer. Dans cette étude, elle est fixée à 100 ‰.

7.6 Interprétation et discussion des résultats

L'analyse des spectres de texture 1-D (figures 7.6 et 7.7) permet de tirer quelques conclusions pertinentes. Dejà, on peut remarquer que les profils sont relativement semblables les uns les autres. Ce qui confirme la similarité décrite au chapitre 4 des nappes d'hydrocarbures avec divers phénomènes atmosphériques et océaniques observés par le RSO. Mais en dépit de cette ressemblance, les courbes peuvent être discernées. Selon le critère **SdR**, la nappe d'hydrocarbures se comporte à quelques unités près comme un front de courant, et s'éloigne d'avantage d'un phénomène de vent localement faible. Par contre, elle s'identifie à ce dernier quand on considère le critère **ScR** et reste distante d'une instabilité atmosphérique. Cette distance est d'ailleurs conservée pour la plupart des critères considérés ici. La discrimination des signatures est donc rendu possible pour ces paramètres de textures, sauf pour le **BmR** pour lequel les mesures sont confondues dès la seconde itération de la pyramide. Ainsi, l'on peut comparer les profils générés, de critère en critère. Mais cette analyse est très laborieuse car elle intègre un seul critère à la fois.

Les spectres de texture 2-D (figure 7.8), par contre, déploient tous les critères dans le même graphique. Ici également, leur ressemblance dénote la similarité de certains par rapport aux autres, notamment les spectres des nappes d'hydrocarbures (figure 7.8a) et le vent faible parsemé de houle (figure 7.8b). Une analyse des dits profils est basée sur la comparaison spatiale des couleurs, traduisant ainsi l'atténuation spectrale subie par la présence du phénomène observé par le radar. Cet impact s'avère différent d'une signature à l'autre. Ainsi, l'identification préalable et la caractérisation par les spectres de texture des éventuelles signatures observables à la surface de la mer donnent la possibilité de discriminer toute signature inconnue par une simple analyse visuelle des spectres associés.

Maintenant, exerçons nous à faire la discrimination des signatures inconnues de la figure 7.5 dont les images originales sont présentées à la figure 7.4. Une comparaison rapide des spectres de texture dévoile un rapprochement entre la signature inconnue 1 et le front de courant d'une part, puis des nappes naturelles d'autre part. Le spectre de la signature inconnue 2, quant à lui, présente une situation ambiguë qui ne s'accorde avec aucune référence étudiée. L'on pourrait alors penser à une

7.6. INTERPRÉTATION ET DISCUSSION DES RÉSULTATS

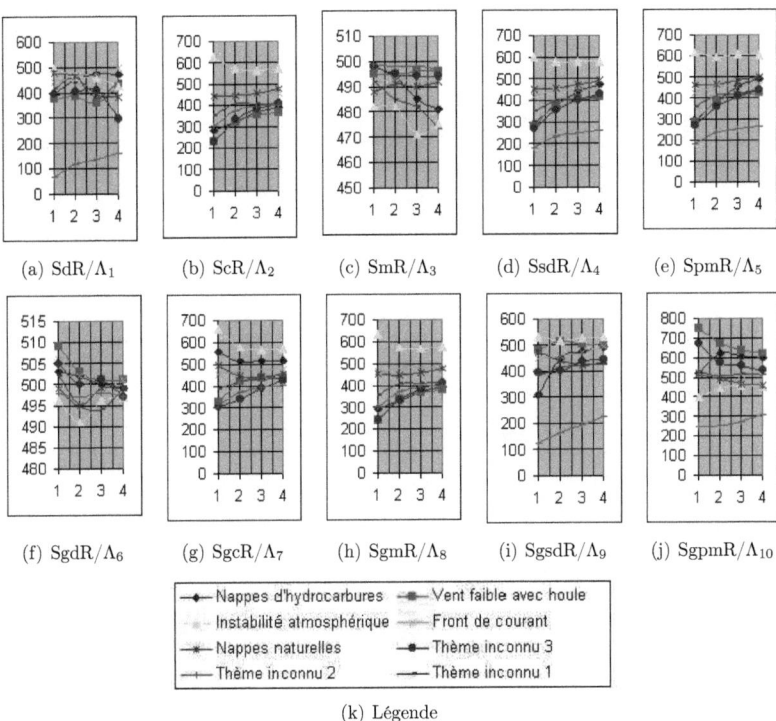

(k) Légende

FIGURE 7.6 – Spectres de texture 1-D des signatures détectées sur les images des figures 7.2 et 7.4, selon le critère désigné. *En ordonnée : mesures de l'atténuation texturale (en ‰); En abscisse : niveau d'échelle j (sans unité) du spectre de vagues.*

190 CHAPITRE 7. CARACTÉRISATION PAR SPECTRES DE TEXTURE

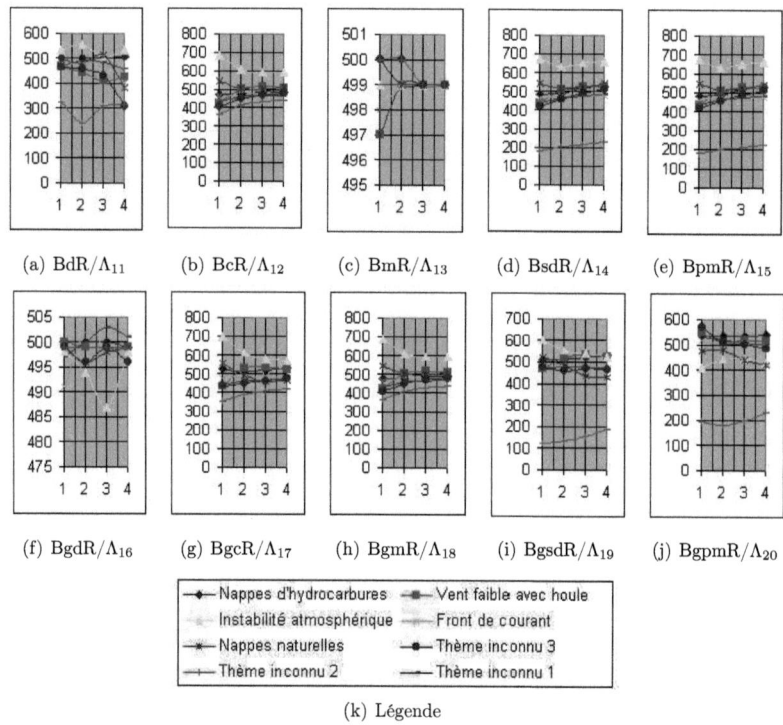

FIGURE 7.7 – Spectres de texture 1-D des bords des signatures détectées sur les images des figures 7.2 et 7.4, selon le critère désigné. *En ordonnée : mesures de l'atténuation texturale (en ‰); En abscisse : niveau d'échelle j (sans unité) du spectre de vagues.*

7.6. INTERPRÉTATION ET DISCUSSION DES RÉSULTATS

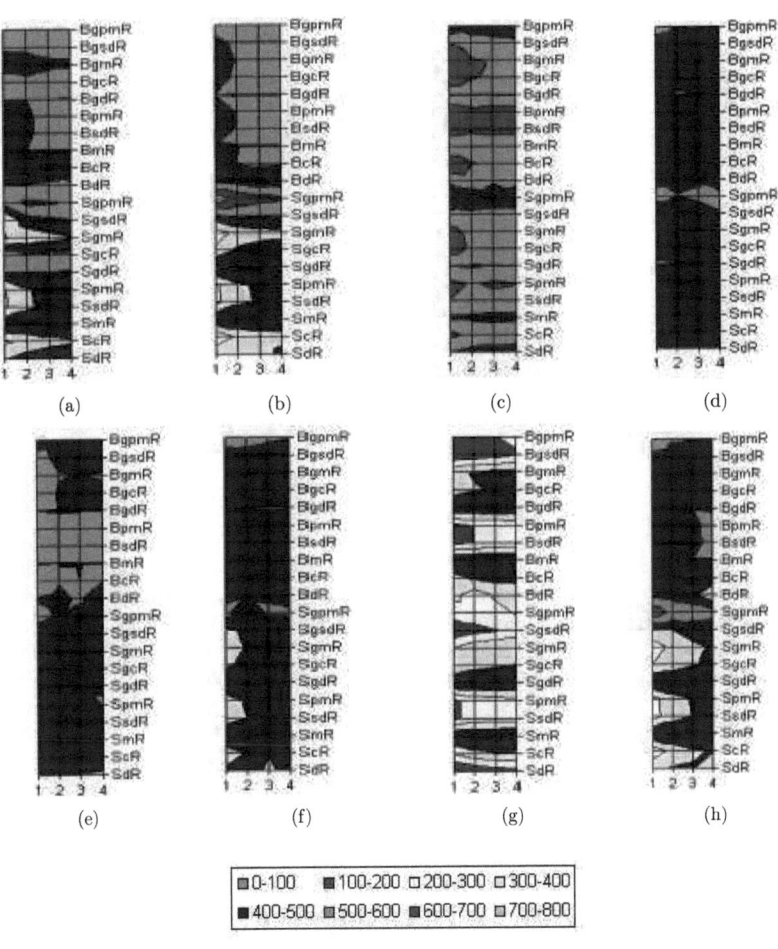

(i) Légende

FIGURE 7.8 – Spectres de texture 2-D des signatures étudiées sur les images des figures 7.2 et 7.4. *Mesures de l'atténuation (en ‰) selon les critères désignés en fonction du niveau d'échelle j.*

192 CHAPITRE 7. CARACTÉRISATION PAR SPECTRES DE TEXTURE

signature particulière non prise en compte, étant donné que la liste des thèmes de base n'est pas exhaustive. Le meilleur des cas est la signature inconnue 3 dont le spectre 2-D s'identifie le plus à celui des nappes d'hydrocarbures, et un peu moins à celui décrit par les vents localement faibles.

7.7 Conclusion

Dans ce chapitre, il a été développé une nouvelle approche de caractérisation des nappes d'hydrocarbures à la surface de la mer. Cette méthode est basée sur les effets induits par la présence du polluant, notamment la solubilisation de celui-ci avec l'eau de mer et l'atténuation du spectre de vagues. Nonobstant sa portée, cette technique met également en évidence des situations ambigues certaines lors de la discrimination des signatures. Cette controverse est la confirmation de la similarité des signatures dans les images RSO décrite par la littérature. C'est la preuve que les signatures observées à la surface de la mer tiennent sur de très fins détails. Et la méthode, ici dépoyée, en a dévoilés quelques secrets.

D'une part, l'ambiguité perçue est due à l'influence des multiples facteurs qui participent à la modification physique de la surface de la mer, notamment la nature même du polluant ainsi que l'environnement marin et atmosphérique de la zone observée. D'autre part, une faiblesse de cette méthode est due à son caractère supervisé. Si les choix des régions d'intérêt sont multiples et bien définis, l'épaisseur des bords est, pour l'instant, choisie par le traiteur d'image après une appréciation visuelle préalable de l'étendue de la phase dispersée dans l'image RSO. Aussi, les nappes excentrées vers les bords de l'image RSO ne peuvent être analysées avec objectivité étant entendu que les mesures y sont tronquées.

Ainsi, il est difficile d'aller jusqu'au bout de l'aventure scientifique dont l'objectif étendu (à long terme) est la classification automatique des nappes d'hydrocarbures. En perspective, il faut, s'orienter vers d'autres pistes pour en améliorer les résultats. Il sera par exemple judicieux d'explorer toutes les mesures de texture identifiables et discriminant les nappes d'hydrocarbures dans une image RSO. Il faudrait aussi envisager d'établir une relation entre la largeur des bords de la signature des nappes et certaines caractéristiques mesurables sur l'image comme par exemple, les attributs géométriques et, pourquoi pas, d'autres formes d'information exploitables. Nous souhaitons surtout effectuer des mesures de terrain fiables et largement diversifiées pour, non seulement, estimer la précision de la méthode sur un nombre accru d'images, mais aussi pouvoir étudier la variabilité des paramètres liés à l'état de la mer et de l'atmosphère.

Conclusion générale

1. Synthèse des résultats

Trois méthodes de détection et de caractérisation des nappes d'hydrocarbures dans les images RSO de la surface de l'océan, ont été développées dans le cadre de cette thèse. Il s'agit de la fusion interpolée des réponses issues du seuillage par hystérésis directionnel (FIRSHD), de l'approche de détection multiéchelle par les pyramides hybrides et de la technique de caractérisation à l'aide des spectres de texture.

Détection par FIRSHD

La FIRSHD est basée sur les caractéristiques de deux liquides hydrophobes (hydrocarbures et eau) en interaction. Elle procède par seuillage par hystérésis à une extraction des nappes sous la forme de structures linéaires adjacentes. Elle produit d'excellents résultats lorsqu'elle est précédée d'un filtrage adapté aux caratéristiques morphologiques de la surface de l'océan.

Du point de vue de la qualité visuelle, les images des signatures produites par la FIRSHD sont d'excéllente qualité. Les nappes détectées sont isolées d'un fond complètement dépourvu de fausses alarmes. Le constat est d'autant plus évident que les approches classiques ne génèrent pas d'aussi bonnes images des signatures.

Du point de vue quantitatif, la FIRSHD a conduit à une probabilité de détection de $95,6\%$, une probabilité de fausses alarmes de $1,9\%$ et une probabilité de segmentation globale de $96,9\%$. Et lorsqu'elle est démunie du filtrage adapté et de l'interpolation, elle produit respectivement $93,7\%$, $0,8\%$ et $96,64\%$. Comparée par exemple à la technique la plus répandue, notamment le seuillage sur l'intensité [13, 19, 143], elle conduit à un accroissement de la probabilité de détection de $5,5\%$ contre une légère hausse de la probabilité de fausses alarmes de 0,5%, soit un gain de la précision globale de segmentation évaluée à 2,6%.

Détection par les pyramides hybrides

Les pyramides hybrides sont d'abord utilisées dans la détection des nappes d'hydrocarbures pour caractériser la surface de la mer et en extraire les informations relatives à son spectre de vagues par filtrage contextuel alterné séquentiel. L'image multicomposante du spectre est ensuite combinée par la logique floue et les nappes segmentées par la règle du maximum du degré d'appartenance. Les résultats qui en sortent sont intéressants.

À la lumière des images de signatures des nappes produites, l'approche de détection multiéchelle est de très bonne qualité. Les fausses alarmes sont presque inexistantes. Les nappes sont détectées avec un taux estimé à $90,1\%$, les fausses alarmes à $0,7\%$, soit une probabilité de détection globale de $94,7\%$. Une fois de plus, en comparant ces résultats à ceux du seuillage sur l'intensité, on note une égalité dans la détection de la cible, une diminution indescriptible des fausses alarmes de $0,7\%$, soit une amélioration de la détection globale des nappes et du fond marin de $0,4\%$.

Caractérisation par les spectres de texture

La méthode de caractérisation repose sur les caractéristiques (ou critères) texturales des images du spectre de vagues, critères identifiés à l'atténuation spectrale due à la présence des hydrocarbures à la surface de la mer. Elle conduit à l'élaboration des spectres de texture. Ces derniers (en 2-D) révèlent la modification du spectre de mer en fonction de l'échelle structurelle de la vague et du critère d'analyse. Elle a permis de caractériser diverses signatures identifiées aux nappes d'hydrocarbures, ainsi que celles qui en sont similaires. La discrimination supervisée de nouvelles signatures inconnues peut alors se faire par comparaison de son spectre avec ceux de référence.

La démarche a conduit à la classification de quelques signatures de nappes d'hydrocarbures. Deux signatures sur trois, au départ inconnues, sont discriminées. Le spectre de la signature inconnue 1 se rapproche de celui du front de courant et des nappes naturelles. Le spectre de la signature inconnue 2 est différent de ceux de la référence, le thème correspondant ne ferait donc pas partie de la base de données de référence. Le spectre de la signature inconnue 3 s'identifie, quant à lui, à celui des nappes d'hydrocarbures. De ce fait, la nouvelle technique de caractérisation valide les hypothèses de base.

2. Que retenons nous ?

La qualité visuelle des images de signatures produites et la précision de la segmentation mesurée par l'usage de la matrice de confusion permettent d'être optimiste. Au terme de la comparaison avec les approches existantes, le SI sans filtrage préalable présente un comportement sévère, c'est à dire une détection limitée de la cible. Par contre, la FCM et le modèle de Markov restent indulgents, ce qui se traduit par une détection exagérée de la cible, entrainant une prolifération des fausses alarmes dans l'image des signatures. Les méthodes de compromis semblent être le SI avec filtrage local, davantage la FRSHD (sans filtrage), la FIRSHD et l'approche multi-échelle. La FIRSHD offre le meilleur compromis, c'est à dire qu'elle génère la plus grande précision de segmentation et supprime les fausses alarmes dans le fond de toutes les images testées, sans céder aux influences du contexte. L'approche multi-échelle minimise le taux de fausses alarmes dans les images avec une probabilité de détection acceptable. En plus, les deux méthodes développées améliorent les conditions de visualisation des nappes d'hydrocarbures dans les images RSO.

La FIRSHD montre la nécessité d'un filtrage adapté au contexte physique de l'environnement marin si l'on veut réhausser la nature imprécise et incertaine des signatures de nappes d'hydrocarbures dans les images RSO. La deuxième approche, parce qu'elle procède par la décomposition du spectre de vagues de la surface, traduit une originalité propre à la surface de l'océan. Pris en compte en commun, les deux nouveaux concepts enrichissent la problématique. La précision est améliorée et de ce fait influence positivement le calcul des attributs. Par conséquent, elle conduit à une meilleure qualité de la discrimination, celle-ci renseignant sur la certitude de la présence des nappes recherchées à la surface des eaux. Les méthodes développées montrent également la possibilité de disposer des approches stables et invariantes face à la très grande variabilité des conditions atmosphériques et océaniques.

Les mesures de texture faites dans un contexte de la division du spectre de vagues dévoile un nouveau concept de la caractérisation des nappes d'hydrocarbures à la surface de la mer. Cette dernière conduit à une classification supervisée des signatures détectées dont la précision devrait être estimée sur une banque étendue de données de vérité terrain. Lorsque la surface de la mer est considérée dans le contexte physique décrit, il devient possible de développer des techniques de détection et de caractérisation qui se passent des données auxiliaires. Et cette nouvelle possibilité de détection sans apport d'informations extérieures, à l'aide uniquement d'une image d'intensité, conduit à la minimisation des coûts de détection des nappes d'hydrocarbures dans des observatoires. Tous ces facteurs traduisent bel et bien une amélioration par ces travaux de la thématique en vigueur.

3. Perspectives

Les perspectives de cette recherche sont dans les améliorations (perspectives immédiates), et dans la classification automatique (perspectives à terme) en vue d'une détection de plus en plus précise des nappes d'hydrocarbures dans les images RSO.

À l'avenir, il convient de procéder par la détection non supervisée préalable des trois régions recensées dans les images munies de pollution par les hydrocarbures, notamment la région couverte de nappes, la région non polluée et la région de conflit nappes-eau. Ce procédé pourra être mis en œuvre soit par seuillage par hystérésis directionnel par bornes inférieure et supérieure, soit par les pyramides hybrides (et fusion floue à trois classes), soit par la méthode de segmentation multi échelle (à trois classes) basée sur les modèles de chaînes de Markov [112]. Cette initiative conduit à une extention variable des contours, pour une considération plus réaliste de la zone ambigue de l'image.

La méthode de caractérisation multi échelle intègre quelques uns seulement des mesures de texture déployées dans la littérature. Pour améliorer ses résultats, il est judicieux de prendre en compte toutes les caractéristiques reconnues discriminantes par différents algorithmes du domaine [40, 42, 143]. Il faudrait également procéder à un recensement quasi exhaustif des signatures assimilables à celles des nappes d'hydrocarbures pour en dresser des spectres de texture de référence et assurer une classification automatique basée sur les notions de mesure de similarité. Une comparaison stricte avec les travaux antérieurs serait alors possible sur des données de référence de meilleure qualité, établies dans des conditions de vérité de terrain d'avantage maitrisées.

Ces améliorations de la détection et de la caractérisation des nappes d'hydrocarbures dans les images RSO de la surface des océans s'inscrivent dans la dynamique des capteurs de la nouvelle génération, notamment ceux des satellites Allemand *TerraSAR-X*, Japonnais *ALOS* (Advanced Land Observing Satellite), et Canadien RADARSAT-2. En général, Ils fournissent les images RSO à des échelles, temps, polarisations et incidences variables, dans des bandes différentes (X pour TerraSAT, L pour ALOS, C pour RADARSAT-2), à de meilleures résolutions (de 1 et 16 mètres pour TerraSAT, à partir de 10 mètres pour ALOS, à partir de 3 mètres pour RADARSAT-2). D'aussi bonnes résolutions doivent permettre de peaufiner notre analyse sur de plus petites vagues de surface. C'est l'une des raisons pour lesquelles les catastrophes dues aux pollutions par les hydrocarbures constituent une application de prédilection pour tous ces derniers programmes. S'appuyant sur les succès remportés par les anciens programmes, le potentiel des nouveaux satellites devrait certainement permettre de développer les capacités de surveillance des océans du globe.

CONCLUSION GÉNÉRALE

Bibliographie

[1] W. Alper and H. Huhnerfuss. Radar Signatures of Oil Films Floating on the Sea Surface and the Marangoni Effect. *J. Geophys. Res.*, 93(C4) :3642–3648, 1988.

[2] W. R. Alper and K. Hasselmann. The Two-Frequency Microwave Technique for Measuring Ocean Wave Spectra from an Airplane or Satellite. *Boundary-Layer Meteorology*, 13 :215–230, 1978.

[3] W. Alpers and H. Huhnerfuss. The Damping of Ocean Waves by Surface Films :A New Look at an Old Problem. *Journal of Geophysical Research*, 94(C5) :6251–6265, 1989.

[4] H. Assilzadeh and S. B. Mansor. Early Warning System for Oil Spill using SAR Images. In *Proc. ACRS 2001 - 22nd Asian Conference on Remote Sensing*, volume 1, pages 460–465, Singapore, 5-9 nov. 2001.

[5] M. Barni, M. Betti, and A. Mecocci. A Fuzzy Approach to Oil Detection on SAR Images. In *International Geoscience and Remote Sensing Symposium, 1995 Proceedings. IGARSS 1995. IEEE 1995 International*, volume 1, pages 157–159, 1995.

[6] M. Barni, M. Betti, and A. Mecocci. Fuzzy Segmentation of SAR Images for Oil Spill Recognition. In *Image Processing and its Applications, 1995., Fifth International Conference*, pages 534 – 538, 1995.

[7] G. Benelli and A. Garzelli. Oil-spills Detection in SAR Images by Fractal Dimension Estimation. In *International Geoscience and Remote Sensing Symposium, 1999 Proceedings. IGARSS 1999. IEEE 1999 International*, volume 1, pages 218–220, Hamburg, Germany, 28 june - 2 july 1999.

[8] J. Bergen and M. Landy. Computational Modeling of Visual Texture Segregation. In M. S. Landy and J. A. Movshon, editors, *Computational Models of Visual Processing*, pages 253–271. The MIT Press, 1991.

[9] Berkeley. *Ondes : Cours de Physique*, volume 3. Armand Colin, 1972.

[10] M. Bertacca, F. Berizzi, and E. D. Mese. A FARIMA -Based Technique for Oil Slick and Low-Wind Areas Discrimination in Sea SAR Imagery. *IEEE Transactions on Geoscience and Remote Sensing*, 43(11), november 2005.

[11] M. Bertacca, F. Berizzi, E. D. Mese, and A. Capria. A FARIMA Based Analysis for Wind Falls and Oil Slicks Discrimination in Sea SAR Imagery. In *International Geoscience and Remote Sensing Symposium, 2004 Proceedings. IGARSS 2004. IEEE 2004 International*, pages 4703–4706, 2004.

[12] J.-C. Bezdek, R. Ehrlich, and W. Full. FCM :The fuzzy c-means algorithm. *Comput. Geosci.*, 10(2-3) :191–203, 1984.

[13] K. W. Bjerde, A. H. S. Solberg, and R. Solberg. Oil spill Detection in SAR Imagery. In *International Geoscience and Remote Sensing Symposium, 1993 Proceedings. IGARSS 1993. IEEE 1993 International*, volume 3, pages 943–945, 1993.

[14] I. Bloch. Information Combination Operators for Data Fusion : A Comparative Review with Classification. *IEEE Transactions on Systems, Man and Cybernetics*, 26(1) :52–67, 1996.

[15] C. Brekke and A. H. S. Solberg. Oil spill Detection by Satellite remote Sensing. *Remote Sensing of Environment*, 95 :1–13, 2004.

[16] S. Bres, J-M. Jolion, and F. Lebougeois. *Traitement et Analyse des Images Numériques*. Lavoisier, Hermes Science Publications, 2003.

[17] F. P. Bretherton. The General Linearised Theory of Wave Propagation. *Lect. Appl. Math.*, 13 :61–102, 1970.

[18] T. F. Bush and F. T. Ulaby. Fading Characteristics of Pantromatic Radar Backscatter from Selected Agricultural Targets. *IEEE Trans. Geosci. Electron.*, GE-13 :149–157, 1975.

[19] G. Calabresi, F. D. Frate, J. Lichtnegger, and A. Petrocchi. Neural Networks for the Oil Spill Detection using ERS SAR Data. In *International Geoscience and Remote Sensing Symposium, 1999 Proceedings. IGARSS 1999. IEEE 1999 International*, volume 1, pages 215–217, 1999.

[20] J. F. Canny. A Computational Approach to Edge Detection. *IEEE Transactions on Pattern and Machine Intelligence*, 8(6) :679–698, 1986.

[21] C. Cariou. *Analyse Spectrale d'Images Numériques. Application à la Télédétection Spatiale des Océans*. PhD thesis, Université de Bretagne Occidentale, 1991.

[22] Cedre. Bulletin d'Information du CEDRE, environnement et techniques de lutte antipollution. *available at http ://www.le-cedre.fr/, bull. 1-19*, accessed june 2004.

[23] L. Y. Change, K. Chen, C. Chen, and A. Chen. A Multiplayer-Multiresolution Approach to Detection of Oil Slicks using ERS SAR Image. In *Proc. ACRS 1996 - 17th Asian Conference of Remote Sensing*, Sri Lanka, 1996.

[24] C. F. Chen, Chen K. S., L. Y. Chang, and A. J. Chen. The use of Satellite Imagery for Monitoring Coastal Environment in Taiwan. In *Proc. IGARSS'97*, volume 3, pages 1424–1426, 1997.

[25] C. K. Chow and T. Kaneko. Automatic Boundary Detection of the Left Ventricle from Cineangiograms. *Computers and Biomedical Research*, 5 :388–410, 1972.

[26] M.-C. Cormier-Salem. *Rivières du Sud. Sociétés et mangroves Ouest-Africaines*. IRD Editions, Institut de Recherche pour le Développement, vol 1 et 2, 1999.

[27] M. Coster and J. L. Chermant. *Précis d'Analyse d'Images*. Presses du CNRS, 1989.

[28] J. Darricau. *Physique et Théorie du Radar*. Éd. SODIPE, 1994.

[29] A. De Maio, G. Ricci, and M. Tesauro. On CFAR Detection of Oil Slicks on the Ocean Surface by a Multifrequency and/or Multipolarisation SAR. In *Radar conference 2001. Proceedings of the 2001 IEEE*, pages 351–356, Atlanta, USA, may 2001.

[30] P. Debye. *Polar Molecules*. Reinhold Publishing Corp., 1929.

[31] R. L. DeValois, E. Yund, and N. Hepler. The Orientation and Direction Selectivity of Cells in Macaque Visual Cortex. *Vision Research*, 22 :531–544, 1982.

[32] R. Duda and P. Hart. *Pattern Classification and Scene Analysis*. John Wiley, 1973.

[33] S. A. Ermakov, A. M. Zujkova, A. R. Panchenko, S. G. Salashin, T. G. Talipova, and V. I. Titov. Surface Film Effect on Short Wind Waves. *Dynam. Atmos. Oceans*, 10 :31–50, 1986.

[34] Esa. ENVISAT : Cring for the Earth. Technical report, European Space Agency, 2002.

[35] H. A. Espedal. Oil Spill and its Look-alikes in ERS SAR Imagery. *Earth Observation and Remote Sensing*, pages 94–102, 1998. Russian Academy of Science, Hardwood Academic Publishers, Netherlands.

[36] H. A. Espedal. Detection of Oil Spill and Natural Film in the Marine Environment by Spaceborne SAR. In *International Geoscience and Remote Sensing Symposium, 1999 Proceedings. IGARSS 1999. IEEE 1999 International*, volume 3, pages 1478–1480, 1999.

[37] H. A. Espedal and O. M. Johannessen. Satellite Detection of Natural Films on Sea Surface. *Geophysical Research letters*, 23(22) :3151–3154, nov. 1 1996.

[38] H. A. Espedal, O. M. Johannessen, J. A. Johannessen, E. Dano, D. R. Lyzenga, and J. C. Knulst. COASTWATCH'95 : ERS 1/2 SAR Detection of Natural Film on the Sea Surface. *Journal of Geophysical Research*, 103(C11) :24,969–24,982, oct. 15 1998.

[39] H. A. Espedal and Wahl T. Satellite Oil Spill Detection using Wind History Information. *International Journal of Remote Sensing*, 20(1) :49–65, 1999.

[40] B. Fiscella, A. Giancaspro, F. Nirchio, and P. Pavese, P. Trivero. Oil spill Detection using Marine SAR Images. *International Journal of Remote Sensing*, 21(18) :3561–3566, 2000.

[41] G. Francesschetti, A. Iodice, D. Riccio, G. Ruello, and Siviero R. SAR Raw Signal Simulation of Oil Slicks in Ocean Environments. *IEEE Transaction on Geoscience and Remote Sensing*, 40(09), September 2002.

[42] F. D. Frate, A. Petrocchi, J. Lichtenegger, and G. Calabresi. Neural Networks for the Oil Spill Detection using ERS-SAR Data. *Geoscience and Remote Sensing, IEEE Transactions on.*, 38(5) :2282–2287, sept 2000.

[43] F. D. Frate and L. Salvatori. Oil Spill Detection by Means of Neural Networks Algorithms : a Sensitivity Analysis. In *International Geoscience and Remote Sensing Symposium, 2004 Proceedings. IGARSS 2004. IEEE 2004 International*, pages 1370–1373, 2004.

[44] H. Freeman. On the Encoding of Arbitrary Geometric Configurations. *IEEE Transactions on Electronic Computers*, 10 :260–268, 1961.

[45] K. S. Friedmann, W. G. Pichel, P. Clementé-Colon, and X. Li. GoMEx-an Experimental GIS System for the Gulf of Mexico Region using SAR and Additional Satellite and Ancillary Data. In *International Geoscience and Remote Sensing Symposium, 2002 Proceedings. IGARSS 2002. IEEE 2002 International*, volume 6, pages 3343–3346, 2002.

[46] R. Gaboriaud. *Physico-Chimie des Solutions. Cours et Problèmes*. Masson, 1996. 330p.

[47] M. Gade, W. Alpers, H. Huhnerfuss, and P. A. Lange. Wind Wave Tank Measurements of Wave Camping and Radar Cross Sections in the Presence of Monomolecular Surface Films. *Journal of Geophysical Research*, 103 :3167–3178, 1998.

[48] M. Gade and J. M. Redondo. Marine Pollution in European Coastal Waters Monitored by the ERS-2 SAR : Comprehensive Statistical Analysis. In *International Geoscience and Remote Sensing Symposium, 1999. Proceedings. IGARSS 1999. IEEE 1999 International*, volume 2, pages 1375 – 1377, 1999.

[49] M. Gade, J. Scholz, and C. V. Viebahn. On the Detectability of Oil Pollution in European Marginal Waters by Means of ERS SAR Imagery. In *International Geoscience and Remote Sensing Symposium, 2000. Proceedings. IGARSS 2000. IEEE 2000 International*, volume 6, pages 2510 – 2512, 2000.

[50] M. Gade and S. Ufermann. Using ERS-2 SAR Images for Routine Observation of Marine Pollution in European Coastal Waters. In *International Geoscience and Remote Sensing Symposium, 1998. Proceedings. IGARSS 1998. IEEE 1998 International*, volume 2, pages 757 – 759, 1998.

[51] Gagalowicz. *Vers un Modèle de Texture*. PhD thesis, Université Pierre et Marie Curie, Paris VI, 1983.

[52] F. Galland, P. Réfrégier, and O. Germain. Synthetic Aperture Radar Oil Spill Segmentation by Stochastic Complexity Minimization. *IEEE Geoscience and Remote Sensing Letters*, 1(4), Oct. 2004.

[53] R. Garello. Analyse d'Images Radar à Ouverture Synthétique de la Surface de l'Océan. Habilitation à diriger les recherches, Université de Rennes I, janv. 1995.

[54] R. Garello. *Analyse des Signaux Bidimensionnels*. Hermes Science Publications, 2001.

[55] M. Gasull, X. Fabregas, J. Jimenez, F. Marques, V. Moreno, and M. Herrero. Oils spills detection in sar images using mathematical morphology. In *Proc. EUSIPCO'2002*, volume 1, pages 25–28, Toulouse, France, 2002.

[56] M. C. Girard and C. M. Girard. *Traitement des Données de Télédétection*. Dunod, 1999.

[57] F. Girard-Ardhuin, G. Mercier, F. Collard, and R. Garello. Oil Slick Detection by SAR Imagery : Algorithms Comparison. In *International Geoscience and Remote Sensing Symposium, 2004 Proceedings. IGARSS 2004. IEEE 2004 International*, pages 4726–4729, 2004.

[58] F. Girard-Ardhuin, G. Mercier, F. Collard, and R. Garello. Operational Oil-Slick Characterization by SAR Imagery and Synergistic Data. *IEEE Journal of Oceanic Engineering*, 30(3), july 2005.

[59] J. Goutsias and H. Heijmans. Non Linear Multiresolution Signal Decomposition Schemes-part I :Morphological pyramids. *IEEE Transactions on Image Processing*, 9(11) :1862–1876, 2000.

[60] H. Greidanus, P. Clayton, M. Indregard, G. Staples, N. Suzuki, P. Vachon, C. Wackerman, T. Tennvassas, J. Mallorqui, N. Kourti, R. Ringrose, and H. Melief. Benchmarking Operational SAR Ship detection. In *International Geoscience and Remote Sensing Symposium, 2004 Proceedings. IGARSS 2004. IEEE 2004 International*, pages 4215–4218, 2004.

[61] D. C. He and L. Wang. Texture Unit, Texture Spectrum and Texture Analysis. *IEEE Transactions on Geoscience and remote Sensing*, 28(4) :509–512, 1990.

[62] H. Heijmans. *Mathematical Morphology and its Applications to Image and Signal Processing*. Kluwer Academic Publishers, 1996. pages 127-137.

[63] P. E. Holloway, E. Pelinovsky, and T. Talipova. A Generalized Korteveg-de Vries Model of Internal Tide Transformation in the Coastal Zone. *Journal of Geophysical Research*, 104(C8), 1999.

[64] H. A. Hovland, J. A. Johannessen, and G. Digranes. Slicks Detection in SAR Images. In *International Geoscience and Remote Sensing Symposium, 1994 Proceedings. IGARSS 1994. IEEE 1994 International*, volume 4, pages 2038–2040, 1994.

[65] D. Hubel and T. Wiesel. Automatical Demonstration of Columns in the Monkey Striate Cortes. *Nature*, 221 :747–750, 1969.

[66] B. A. Hugues. The Effect of Internal Waves on Surface Wind Waves. 2. Theoritical Analysis. *Journal of Geophysical Research*, 83(C1) :455–465, 1978.

[67] H. Huhnerfuss, W. Alpers, A. Gericke, P. A. Lange, R. Theis, and V. Wismann. Classification of Sea Slicks by Multi-frequency Radar Techniques : the Influence of the Temperature and of the Morphology Effect on Water Wave Damping. In *International Geoscience and Remote Sensing Symposium, 1993 Proceedings. IGARSS 1993. IEEE 1993 International*, volume 2, pages 336–341, 1993.

[68] H. Huhnerfuss, W. Alpers, and W. L. Jones. Measurements at 13.9GHz of the Radar Backscattering cross of the North Sea Covered with an Artificial Surface Film. *Radio Sci.*, 13(6) :979–983, 1978.

[69] H. Huhnerfuss, W. Alpers, P. A. Lange, and Walter W. Attenuation of Wind Waves by Artificial Surface Films of different Chemical Structure. *Geoph. Res. Lett.*, 8(11) :1184–1186, 1981.

[70] H. Huhnerfuss and Garrett W. D. Experimental Sea Slicks :their Practical Applications and Utilization for basic Studies of Air-sea Interactions. *Journal of Geophysical Research*, 86(C1) :439–447, 1981.

[71] H. Huhnrfuss, W. Alpers, A. Cross, W. D. Garrett, W. C. Keller, P. A. Lange, W. J. Plant, F. Schlude, and D. Schlude. The Modification of X and L band Radar Signals by Monomolecular Sea Slicks. *Journal of Geophysical Research*, 88(C14) :9817–9822, Nov. 20 1983.

[72] H. Huhnrfuss, W. Walter, P. A. Lange, and W. Alpers. Attenuation of Wind Waves by Monomolecular Sea Slicks and the Marangoni Effect. *Journal of Geophysical Research*, 92(C4) :3961–3963, April 15 1987.

[73] M. Indregard, A. Solberg, and P. Clayton. D2-report on Benchmarking Oil Spill Recognition Approahes and Best Practice. Oceanides project, European Commision, 2004.

[74] J. Inglada. *Etude des Signatures Radar de la Topographie Sous-marine à la Surface de l'Océan*. PhD thesis, Université de Rennes 1, 2000.

[75] J. D. Jackson. *Classical Electrodynamics*. John Wiley & Sons, 1975.

[76] J. W. Johnson and W. F. Croswell. Caracteristics of 13.9GHz Radar Scattering from Oil Films on the Sea Surface. *Radio Sci.*, 17(3) :611–617, 1982.

[77] B. Julesz. Visual Pattern Recognition. *IEEE transaction on Information Theory*, 8, 1062.

[78] T. F. N. Kanaa, G. Mercier, and E. Tonye. Sea Surface Slicks Characterization is SAR Images. In *IEEE Conference Oceans 2005 Europe*, volume 1, pages 686–691, Brest, France, 20-23 june 2005.

[79] T. F. N. Kanaa, E. Tonye, G. Mercier, and V. P. Onana. Détection des Nappes d'Hydrocarbures dans les Images RSO par Morphologie Mathématique. *Télédétection*, 4(3) :215–229, 2004.

[80] T. F. N. Kanaa, E. Tonye, G. Mercier, V. P. Onana, N. J. Mvogo, P. L. Frison, and Rudant J. P. Detection of Oil Slick Signatures in SAR Images by Fusion of Hysteresis Thresholding Responses. In *International Geoscience and Remote Sensing Symposium, 2003 Proceedings. IGARSS 2003. IEEE 2003 International*, volume 4, pages 2750–2752, 21-25 july 2003.

[81] T. F. N. Kanaa, E. Tonye, G. Mercier, V. P. Onana, and J. P. Rudant. Multiscale Segmentation of Oil Slick in SAR Images based on Morphological Pyramid. In *ENVISAT and ERS Symposium*, Salsburg, Australie, 6-10 sept. 2004.

[82] C. King. *Contribution à l'Utilisation des Micro-ondes dans l'Étude des Sols*. PhD thesis, INAPG, 1979.

[83] T. Kobayashi, K. Okamoto, H. Masuko, K. Nakamura, and H. Horie, H.and Kumagai. Artificial Oil Pollution and Wave Observation in the Sea Adjacent to Japan by ERS-1 SAR Images. In *International Geoscience and Remote Sensing Symposium, IGARSS '93. Better Understanding of Earth. Environment., International*, volume 3, pages 946–948, 1993.

[84] L. A. Kotova, H. A. Espedal, and O. M. Johannessen. Oil Spill Detection using Spaceborne : a Brief Review. In *Proc. 27th ISRSE*, Tromso, Norway, 1998.

[85] H. Krogstad. A Simple Derivation of Hasselmann's Nonlinear Ocean-Synthetic Aperture Radar Transform. *Journal of Geophysical Research*, 97 :2421–2425, 1992.

[86] D. T. Kuan, A. A. Sawchuk, T. C. Strand, and P. Chavel. Adaptative Noise Smoothing Filter for Images with Signal Dependant Noise. *IEEE Transactions on Pattern Analysis and Machine Intelligence*, 7(2) :165–177, 1985.

[87] H. Lacombe. *Cours d'Océanographie Physique*. Gauthier-Villars Paris, 1965.

[88] Lamb. *Hydrodynamics*. 6ème edition, 6 edition, 1932.

[89] K. G. Lamb and L. Yan. The Evolution of Internal Wave Undular Bores : Comparisons of a Fully Nonlinear Numerical Model with Weakly Nonlinear Theory. *J. Phys. Oceanogr.*, 26 :2712–2734, 1996.

[90] F. Laporterie. *Représentations Hiérarchiques d'Images avec des Pyramides Morphologiques. Apllication à l'Analyse et à la Fusion Spatio-Temporelle de Données en Observation de la Terre*. PhD thesis, École Nationale Supérieure de l'Aéronautique et de l'Espace, 2002.

[91] H. Laur, P. Bally, P. Meadows, J. Sanchez, B. Schaettler, E. Lopinto, and al. Derivation of the Backscattering Coefficient in ESA ERS SAR PRI Products. Technical report, European Space Agency (ESA), september 2002.

[92] K. I. Laws. *Textured Image Segmentation*. PhD thesis, Image Processing Institute, University of Southern California, 1980.

[93] J-M. Le Caillec. *Étude et Traitement des Images SAR grâce aux Moments et Spectres d'Ordre Supérieurs*. PhD thesis, Université de Rennes I, 1997.

[94] B. Le Mehaute and D. M. Hanes. *Ocean Engineering Science : The sea*, volume 9, Part A. Wiley, 1990.

[95] J. S. Lee. Refined Filtering of Image Noise using Local Statistics. *Computer Graphics and Image Processing*, 5 :380–389, 1981.

[96] J. Lichtenegger. Using ERS-1 SAR Images for Oil Spill Surveillance. *Earth Observation Quarterly*, 44 :3pp., 1994.

[97] K. Litovchenko. Detection of Oil Slicks Parameters from ALMAZ-1 and ERS-1 SAR Imagery. In *International Geoscience and Remote Sensing Symposium, IGARSS '99 Proceedings. IEEE 1999 International*, volume 3, pages 1484–1486, 1999.

[98] A. K. Liu, C. Y. Peng, and S. Y. S. Chang. Wavelet Analysis of Satellite Images for Coastal Watch. *IEEE Journal of Oceanic Engineering*, 22(1) :9–17, 1997.

[99] A. K. Liu, C. Y. Peng, and J. D. Schumacher. Wave-current Interaction Study in the Gulf of Alaska for Detection of Eddies by Synthetic Aperture Radar. *Journal of Geophysical Research*, 99(C5) :10075–10085, 1994.

[100] P. Lombardo, D. I. Conte, and A. Morelli. Comparison of Optimised Processors for the Detection and Segmentation of Oil Slicks with Polarimetric SAR Images. In *International Geoscience and Remote Sensing Symposium, 2000 Proceedings. IGARSS 2000. IEEE 2000 International*, pages 2963–2965, 2000.

[101] P. Lombardo and C. J. Oliver. Optimum Detection and Segmentation of Oil-Slicks with Polarimetric SAR Data. In *Radar conference 2000. Proceedings of the 2000 IEEE*, pages 122–127, 2000.

[102] L. Lopez, M. Moctezuma, and F. Parmiggiani. Oil Spill Detection using GLCM and MRF. In *International Geoscience and Remote Sensing Symposium, 2005 Proceedings. IGARSS 2005. IEEE 2005 International*, pages 1781–1784, 2005.

[103] J. Lu, H. Lim, S. C. Liew, M. Bao, and L. K. Kwoh. Ocean Oil pollution Mapping with ERS Synthetic Aperture Radar Imagery. In *International Geoscience and Remote Sensing Symposium, 1999 Proceedings. IGARSS 1999. IEEE 1999 International*, pages 212–214, 1999.

[104] J. Lu, H. Lim, S. C. Liew, M. Bao, and L. K. Kwoh. Oil Pollution Statistics in Southeast Asian Waters Compiled from ERS SAR Imagery. *Earth Observation Quarterly*, 61 :5pp., 1999.

[105] P. J. Lynett and P. L. F. Liu. A Two-dimensional, Depth-integrated Model for Internal Wave Propagation over Variable Bathymetry. *Wave Motion*, 36 :221–240, 2002.

[106] D. R. Lyzenga and J. R Bennett. Full-Spectrum Modeling of Synthetic Aperture Radar Internal Wave Signatures. *Journal of Geophysical Research*, 93(C10) :12,345–12,354, 1988.

[107] H. Maitre. *Traitement des Images de RSO*. Hermes Science Publications, 2001.

[108] C. Malins. Metabolism of Aromatic Hydrcarbons in Marine Organisms. Polycyclic Aromatic Hydrocarbons. *Health and Welfare Canada. Ann. NY Acad. Sci.*, 1977.

[109] M. Marghany. Finite Element Model of Residual Currents and Oil Spills Transport. In *International Geoscience and Remote Sensing Symposium, 2000 Proceedings. IGARSS 2000. IEEE 2000 International*, volume 7, pages 2966–2968, 2000.

[110] H. Masuko, T. Kobayashi, K. Okamoto, and W. Alpers. Observation of Artificial Slicks with SIR-C/X-SAR around Japan. In *International Geoscience and Remote Sensing Symposium, 1995 Proceedings. IGARSS 1995. IEEE 1995 International*, volume 1, pages 227–229, 1995.

[111] G. Mercier, S. Derrode, and W. Pieczynski. Segmentation Multiéchelle de Nappes d'Hydrocarbure. *Traitement du Signal*, 21(4), 2004.

[112] G. Mercier, S. Derrode, W. Pieczynski, J. M. Le Caillec, and R. Garello. Multiscale Oil Slicks Segmentation with Markov Chain Model. In *International Geoscience and Remote Sensing Symposium, 2003 Proceedings. IGARSS 2003. IEEE 2003 International*, volume 6, pages 3501–3503, 2003.

[113] G. Mercier and F. Girard-Ardhuin. Oil Slick Detection by SAR Imagery using Support Vector Machine. In *Oceans - Europe 2005. IEEE 2005 International*, pages 90–95, 2005.

[114] G. Mercier and F. Girard-Ardhuin. Unsupervised Oil Slick Detection by SAR Imagery using Kernel Expansion. In *International Geoscience and Remote Sensing Symposium, 2005 Proceedings. IGARSS 2005. IEEE 2005 International*, pages 494–497, 2005.

[115] M. Migliaccio, M. Tranfaglia, and S. A. Ermakov. A Physical Approach for the Observation of Oil Spills in SAR Images. *IEEE journal of Oceanic Engineering*, 30(3), July 2005.

[116] G. Neumann and W. Pierson. *Principles of Physical Oceanography*. Prentice Hall, Englewood Cliffs, New Jersey, 1966.

[117] M. Nieto-Vesperina. *Scattering and Disfraction in Physical Optics*. John Wiley and Sons Inc., 1991.

[118] K. Ousmansour. *Modélisation de la Rétrodiffusion des Sillages de Navire en Imagerie Radar Polarimétrique*. PhD thesis, Université de Nantes, 1996.

[119] K. Ousmansour, Y. Wang, and J. Saillard. Multifrequency SAR Observation of a Ship Wake. In *IEE Proceeding Radar Sonar Navigation*, volume 143, 1996.

[120] Cocquerez J. P. and S. Philipp. *Analyse d'Images : Filtrage et Segmentation.* Masson, 1995.

[121] P. Pavlaskis, A. J. Sieber, and S. Alexandry. The Potential of ERS SAR in Oil Spill Monitoring and a Regional Application in the Mediterranean Coastal Zone. In *Proceedings of the ERS Thematic Workshop, Oil pollution monitoring in the Mediterranean,* page 8 pp., Frascaty, Italy, 25-26 march 1996.

[122] P. Pavlaskis, D. Tarchi, and A. J. Sieber. On the Monitoring of Illicit Vessel Discharges using Spaceborne SAR remote Sensing - A Reconnaissance Study in the Mediterranean Sea. *Ann. Télécom.,* 56(11-12) :700–718, 2001.

[123] R. Peduzzi. Cours d'Hydrobiologie Microbienne, Université de Genève. *available at htt ://www.arch.unisi.ch/Ecologia5/AQUA/,* accessed jul. 2002.

[124] G. C. Philips and H. Wilson. Orientation Bandwidths of Spatial Mechanisms Measured by Masquing. *JOSA-A,* 1 :226–232, 1984.

[125] O. Phillips. *Dynamics of the upper Ocean.* Cambridge University Press, 1977.

[126] W. J. Plant. A Relationship between Wind Stress and Wave Slope. *Journal of Geophysical Research,* 83(C3) :1961–1967, 1982.

[127] Pnue. Les Mers Régionales : une stratégie de survie pour nos océans et nos côtes. *available at http ://www.unep.ch/,* Octobre 2000, accessed april 2005.

[128] REMPEC. Protecting the Mediterranean against Maritime Accidents and Illegal Discharges from Ships. Technical report, REMPEC, 2002. 17 pp.

[129] I. S. Robinson. *Satellite Oceanography : an introduction for oceanographers and remote sensing scientists.* British Library Cataloguing in Publication Data, Ellis Horwood Limited, 1985.

[130] N. J. A. Rodenas. *Détection et caractérisation des Signatures d'Ondes Internes dans les Images ROS Océaniques.* PhD thesis, Université de Rennes 1, 1999.

[131] P. Salembier. *Multiscale Image Analysis and Modeling using Rank Order based Filters - Application to Defect Detection.* PhD thesis, EPFL, Lausanne, Switzerland, 1991.

[132] M. Schmitt and J. Mattioli. *Morphologie mathématique.* Masson, 1993. 211 pp.

[133] M. Schmitt and J. Mattioli. *Morphologie Mathématique.* Masson, 1994.

[134] K. P. Scott. The Historical Development of Theories of Wave-calming using Oil. *Hist. Technol.,* 3, 1978.

[135] J. Serra. *Image Analysis and Mathematical Morphology,* volume 1. Academic Press, London, 1982. 610 p.

[136] N. Sheperd. Extraction of Beta Nought and Sigma Nought from RADARSAT CDPF Products. Technical report, Altrix Systems, 4-28 april 2000.

[137] K. P. Singh, A. L. Gray, R. K. Hawkins, and R. A. O'Neil. The Influence of Surface Oil on C and Ku-band Ocean Backscatter. *IEEE Trans. on Geosc. and Remote Sensing*, GE-24(5) :738–744, 1986.

[138] A. Skoelv and T. Wahl. Oil Spill Detection using Satellite based SAR. Technical report, Norwegian Defense Research Establishment, 1993.

[139] P. Soille. *Morphological Image Analysis : Principles and Applications*. Springer-Verlag, Berlin, 1999. 316 p.

[140] A. H. S. Solberg, F. Albregtsen, and G. Storvik. Algorithms for Automatic Detection of Oil Spills in SAR images (ADOS). Technical report, Project description, University of Oslo, 2002.

[141] A. H. S. Solberg, S. T. Dokken, and R. Solberg. Automatic Detection of Oil Spills in ENVISAT, RADARSAT and ERS SAR Images. In *International Geoscience and Remote Sensing Symposium, 2003 Proceedings. IGARSS 2003. IEEE 2003 International*, pages 2747–2749, 2003.

[142] A. H. S. Solberg and R. Solberg. A Large-Scale Evaluation of Features for Automatic Detection of Oil Spills in ERS SAR Images. In *International Geoscience and Remote Sensing Symposium, 1996 Proceedings. IGARSS 1996. IEEE 1996 International*, volume 3, pages 1484–1486, 1996.

[143] A. H. S. Solberg, G. Storvik, R. Solberg, and E. Volden. Automatic Detection of Oil Spills in ERS SAR Images. *IEEE Transactions on Geoscience and Remote Sensing*, 37(4) :1916–1924, july 1999.

[144] A. H. S. Solberg and E. Volden. Incorporation of Prior Knowledge in Automatic Classification of Oil Spills in ERS SAR Images. In *International Geoscience and Remote Sensing Symposium, 1997 Proceedings. IGARSS 1997. IEEE 1997 International*, volume 1, pages 157–159, 1997.

[145] A. S. Solberg, C. Brekke, and R. Solberg. Algorithms for Oil Spill Detection in RADARSAT and ENVISAT SAR Images. In *International Geoscience and Remote Sensing Symposium, 2004 Proceedings. IGARSS 2004. IEEE 2004 International*, pages 4909–4912, 2004.

[146] S. Sternberg. Greyscale morphology. *Computer Vision Graphics and Image Processing*, 1(35), 1986.

[147] A. Stoffelen and D. L. T. Anderson. ERS-1 Scatterometer Data and Characteristics and Wind Retrieval Skills. Sp-359, European Space Agency (ESA), 1994.

[148] T. Talipova. The Surface Active Sea Films : Properties and Dynamics. In *International Geoscience and Remote Sensing Symposium, 1997 Proceedings. IGARSS 1997. IEEE 1997 International*, volume 1, pages 362–364, 1997.

[149] E. Tonye, A. Akono, and N. A. Ndi. *Le Traitement des Images de Télédétection par l'Exemple*. Gordon and Breach Science Publishers, 2000.

[150] O. Triescmann, T. Hunsanger, L. Tufte, and U. Barjenbruch. Data Assimilation of an Airborne Multiple Remote Sensor System and of Satellite Images for the North and Baltic Sea. In *Proceedings of the SPIE 10th Int. Symposium on Remote Sensing, Remote Sensing of the Ocean and Sea Ice 2003*, pages 51–60, 2003.

[151] F. T. Ulaby, R. K. Moore, and A. K. Fung. *Microwave Remote Sensing, Active and Passive - From Theorie to Applications*. Artech House, Inc. Washington, 1986.

[152] J. F. Vesecky. Surface Film Effects on the Radar Cross Section of the Ocean Surface. In *International Geoscience and Remote Sensing Symposium, 1995 Proceedings. IGARSS 1995. IEEE 1995 International*, pages 1375–1377, Florence, Italy, 10-14 july 1995.

[153] P. Volet. *Analyse et Synthèse d'Images de Texture Structurées*. PhD thesis, École Polytechnique de Lausanne, 1987.

[154] L. Wang and D. C. He. A New Stastical Approach for Texture Classification. *Photogrammetric Engineering and Remote Sensing*, 56(1) :61–66, 1990.

[155] V. Wismann. Radar Signatures of Mineral Oil Spills Measured by an Airborne Multi-frequency Radar and the ERS-1 SAR. In *International Geoscience and Remote Sensing Symposium, 1993 Proceedings. IGARSS 1993. IEEE 1993 International*, pages 940–942, 1993.

[156] V. Wismann, M. Gade, and H. Alpers, W.and Huhnerfuss. Radar Signatures of Mineral Oil Spills Measured by an Airborne Multi-Frequency Multi-Polarization Microwave Scatterometer. In *OCEANS '93. Engineering in Harmony with Ocean. Proceedings*, volume 2, pages II348 – II353, 1993.

[157] V. Wismann, R. Theis, W. Alpers, and H. Huhnerfuss. The damping of Short Gravity-capillary Waves by Experimental Sea Slicks Measured by an Airborne Multi-frequency Microwave Scatterometer. In *International Geoscience and Remote Sensing Symposium, 1993 Proceedings. IGARSS 1993. IEEE 1993 International*, volume 2, pages 342–347, 1993.

[158] J. Wright. Backscattering from Capillary Waves with Application to Sea Clutter. *IEEE transactions on Antennas and Propagation*, 14 :749–754, 1966.

[159] J. Wright. A New Model for Sea Clutter. *IEEE transactions on Antennas and Propagation*, AP-16 :217–223, 1968.

[160] S. Y. Wu and A. K. Liu. Towards an Automated Ocean Feature Detection, Extraction and Classification Scheme for SAR Imagery. *International Journal of Remote Sensing*, 24(5) :935–951, 2003.

[161] L. A. Zadeh. Fuzzy Sets. *Information and Control*, 8 :338–353, 1965.

Oui, je veux morebooks!

I want morebooks!

Buy your books fast and straightforward online - at one of the world's fastest growing online book stores! Environmentally sound due to Print-on-Demand technologies.

Buy your books online at
www.get-morebooks.com

Achetez vos livres en ligne, vite et bien, sur l'une des librairies en ligne les plus performantes au monde!
En protégeant nos ressources et notre environnement grâce à l'impression à la demande.

La librairie en ligne pour acheter plus vite
www.morebooks.fr

VDM Verlagsservicegesellschaft mbH
Heinrich-Böcking-Str. 6-8　　　　　　　　　　　　　　　　info@vdm-vsg.de
D - 66121 Saarbrücken　　　Telefax: +49 681 93 81 567-9　　www.vdm-vsg.de

Printed by Books on Demand GmbH, Norderstedt / Germany